はじめに

弊社刊行の月刊専門料理別冊『日本料理の四季』は、二〇一二年の43号をもちまして28年間にわたる歴史を閉じ、一区切りとさせていただきました。この単行本シリーズは、その流れを受け継ぐ形で、新たに始められたものです。日本料理の四季では月刊専門料理に掲載された日本料理記事を再録・編集していたために、ある程度のクラスの料理人を対象としてきましたが、この本ではすべて新規取材である強みを生かし、もう少し基礎に立ち帰った内容としています。献立の各項目と、基礎調味料という2本建ての構成にし、雑誌のようなスタイルでいろいろな情報を盛り込みました。もちろん新人ばかりではなくベテラン料理長にとっても、有意義な本となることをめざしています。今後、さらにシリーズの巻数を重ねていきたいと考えておりますので、どうかご愛顧のほどよろしくお願いいたします。

日本料理の四季編集部

目次

醤油の章

本書を使うにあたって

料理名は作者の命名にもとづいています。「作り」と「造り」、「昆布締め」と「昆布〆」など表記法は必ずしも統一しておりません。

作り方はおもに調理手順で、グラム数などの分量は最低限必要なものしか示しておりません。配合の割合、加熱温度、時間なども材料や道具によって変わりますので、あくまでも目安です。素材や好みに応じて調整してください。

「だし」と表記したものは原則として一番だしを示しています。ただし、同じ一番だしでも店によって材料も作り方も大きく異なりますので、おのずと味や濃さは違ってきます。あくまでも目安としてください。

撮影／越田悟全
海老原俊之（6～8頁　72～73頁）
カバー協力／祇園たに本
装丁・デザイン／田島浩行
取材・編集／高松幸治　藤生久夫

刺身の章

刺身はけっして野蛮な"生魚の切り身"ではない。生の材料をただ皿に並べたのとは別次元の美しさがあるのはもちろんのこと、鋭利な包丁で適切な形と大きさに切り分ける作業は高度な調理技術を要する。そして香り高いつま野菜と店オリジナルの造り醤油などを添えることで完成する、繊細な料理なのだ。ここでは刺身に欠かせない道具である包丁も含めて、基礎的な知識を再確認。さらに、各種料理例を披露する。

和包丁図鑑

協力／山本刃剣

西洋包丁は断面が左右対称の両刃であるのに対し、和包丁は片刃である。鋭利で切り終えたものが包丁からはがしやすい。また用途に応じて、あるいは関東関西の違いによって、多くの種類があるのも特徴的だ。その一部をここに示すとともに、包丁の各部分の呼び方をまとめる。

薄刃包丁（7寸＝210㎜）
関東で使われている野菜加工用の包丁。刃が薄いのでこの名がある。

鎌薄刃包丁（7寸＝210㎜）
関西で使われている野菜加工用の包丁。鎌のような半円の切っ先は、飾り切りに便利。

剥き包丁（6寸＝180㎜）
関東で使われている剥きもの細工用の包丁。薄刃よりもさらに薄く、小ぶり。

剥《む》き鎌包丁（5寸＝150㎜）
関西でまれに使われる剥きもの細工用の包丁。鎌薄刃同様、鎌型となっているが小ぶりで薄い。

（　）内は写真の包丁のサイズ

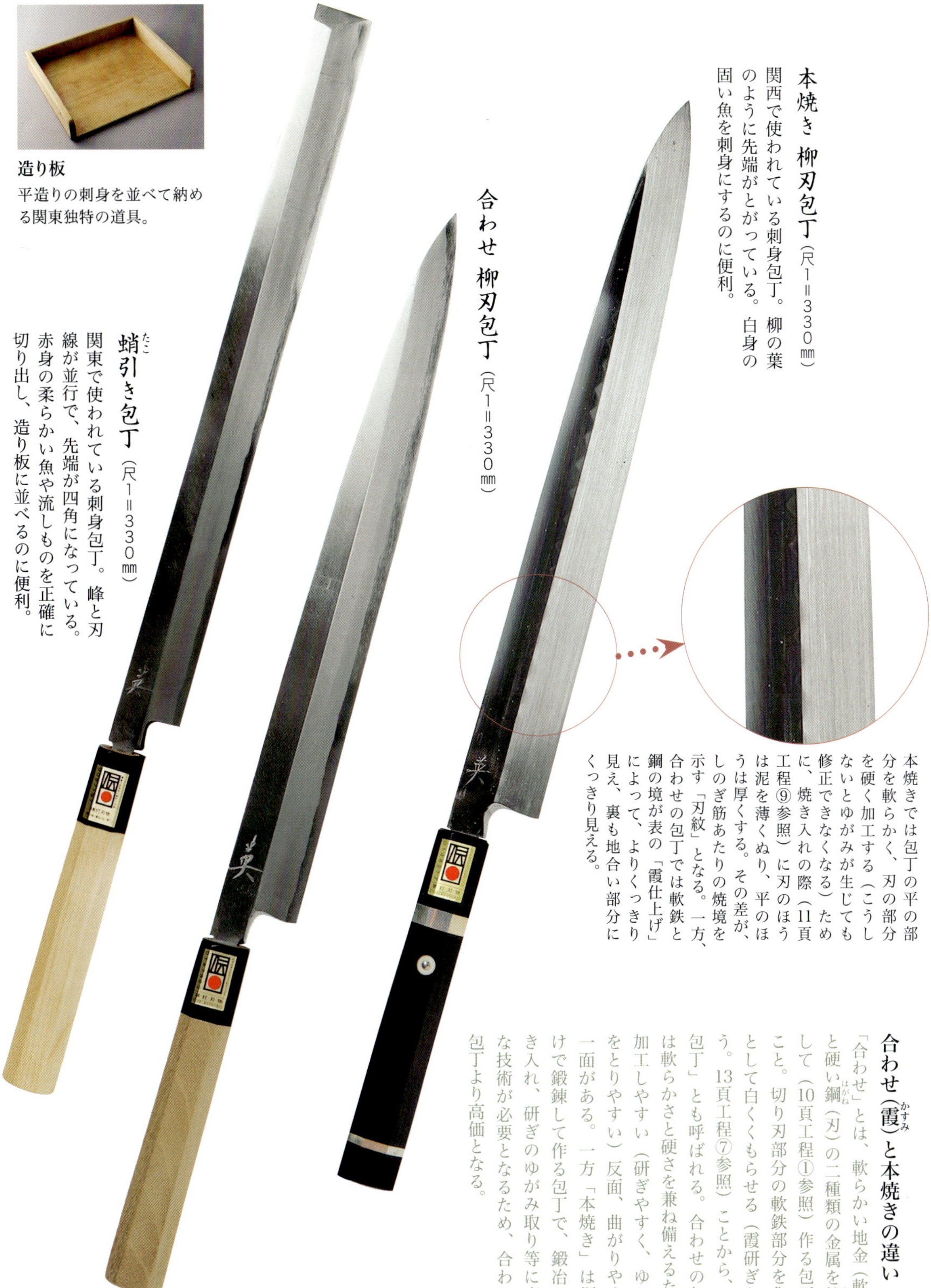

本焼き 柳刃包丁（尺1＝330㎜）

関西で使われている刺身包丁。柳の葉のように先端がとがっている。白身の固い魚を刺身にするのに便利。

合わせ 柳刃包丁（尺1＝330㎜）

蛸《たこ》引き包丁（尺1＝330㎜）

関東で使われている刺身包丁。峰と刃線が並行で、先端が四角になっている。赤身の柔らかい魚や流しものを正確に切り出し、造り板に並べるのに便利。

造り板

平造りの刺身を並べて納める関東独特の道具。

本焼きでは包丁の平の部分を軟らかく、刃の部分を硬く加工する（こうしないとゆがみが生じても修正できなくなる）ために、焼き入れの際（11頁工程⑨参照）に刃のほうは泥を薄くぬり、平のほうは厚くする。その差が、しのぎ筋あたりの焼境を示す「刃紋」となる。一方、合わせの包丁では軟鉄と鋼の境が表の「霞仕上げ」によって、よりくっきり見え、裏も地合い部分にくっきり見える。

合わせ（霞《かすみ》）と本焼きの違い

「合わせ」とは、軟らかい地金（軟鉄）と硬い鋼《はがね》（刃）の二種類の金属を鍛接《たんせつ》して（10頁工程①参照）作る包丁のこと。切り刃部分の軟鉄部分を化粧として白くくもらせる（霞研ぎという。13頁工程⑦参照）ことから、「霞包丁」とも呼ばれる。合わせの包丁は軟らかさと硬さを兼ね備えるため、加工しやすい（研ぎやすく、ゆがみをとりやすい）反面、曲がりやすい一面がある。一方「本焼き」は鋼だけで鍛錬して作る包丁で、鍛冶の焼き入れ、研ぎのゆがみ取り等に高度な技術が必要となるため、合わせの包丁より高価となる。

寿司切り包丁（7寸＝210㎜）

巻きずしや押しずしを切り分けるのに使う包丁。形を崩さないように刃線がカーブしている。

骨切り包丁（尺1＝330㎜）

ハモなどの魚の骨切り用の包丁。固い骨を包丁の重さを利用して切れるように、峰は厚いが刃先は薄く、欠けづらいように仕上げてある。

出刃包丁（7寸＝210㎜）

刃元が厚く作られており、魚をおろすのに便利な包丁。

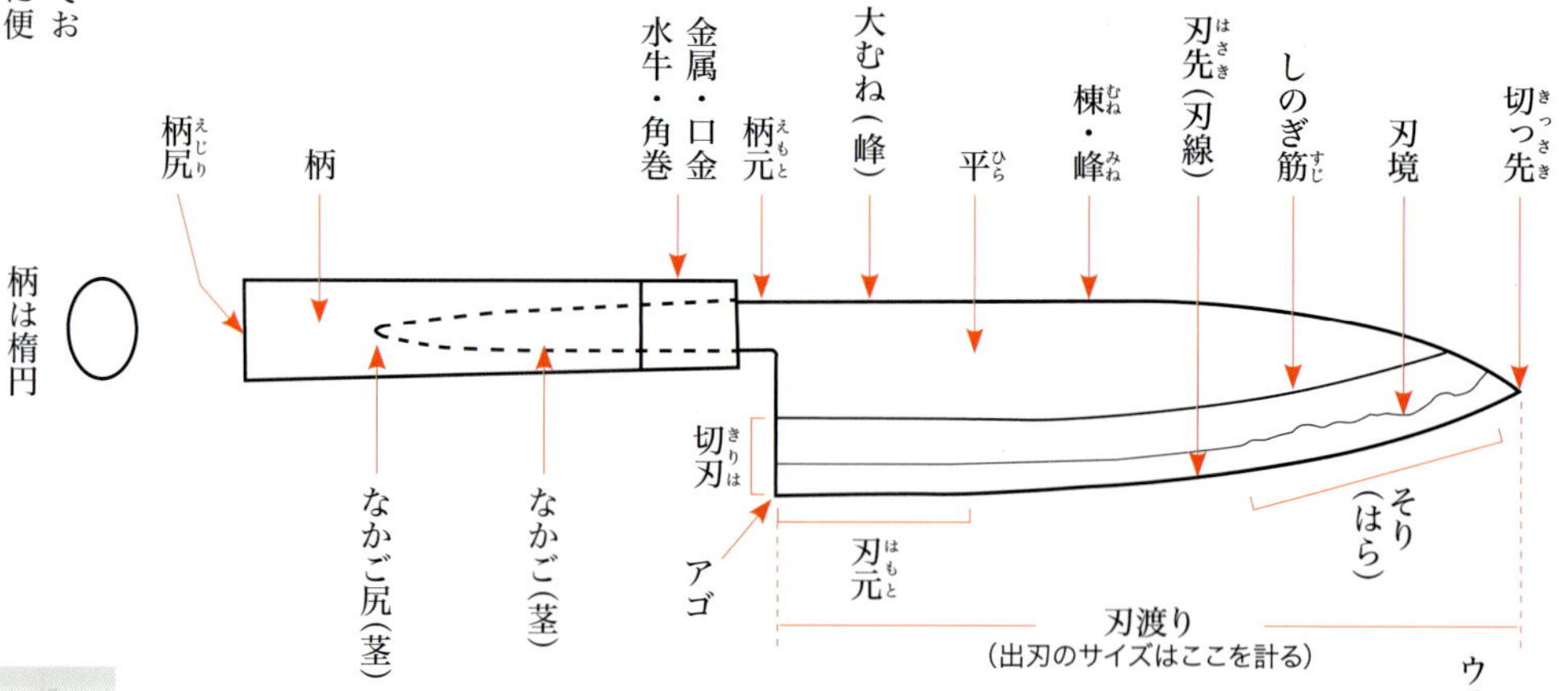

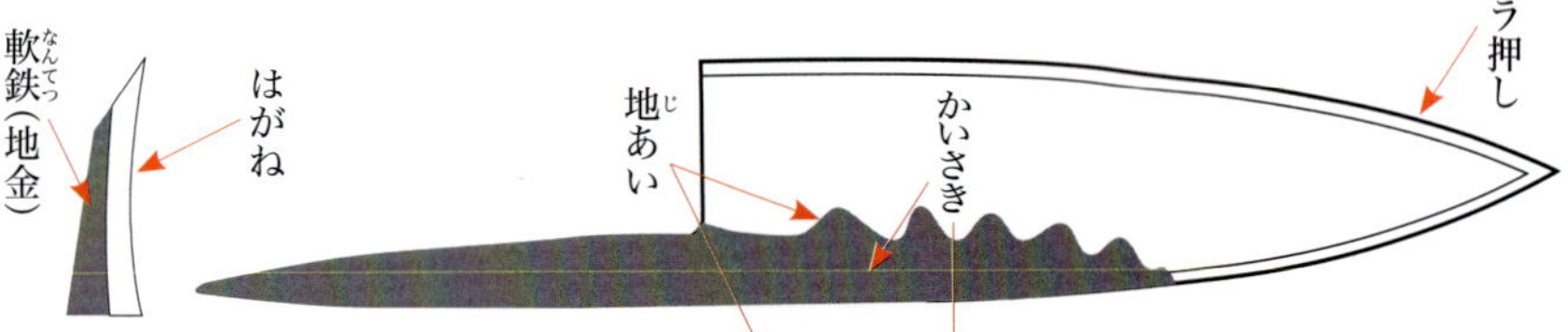

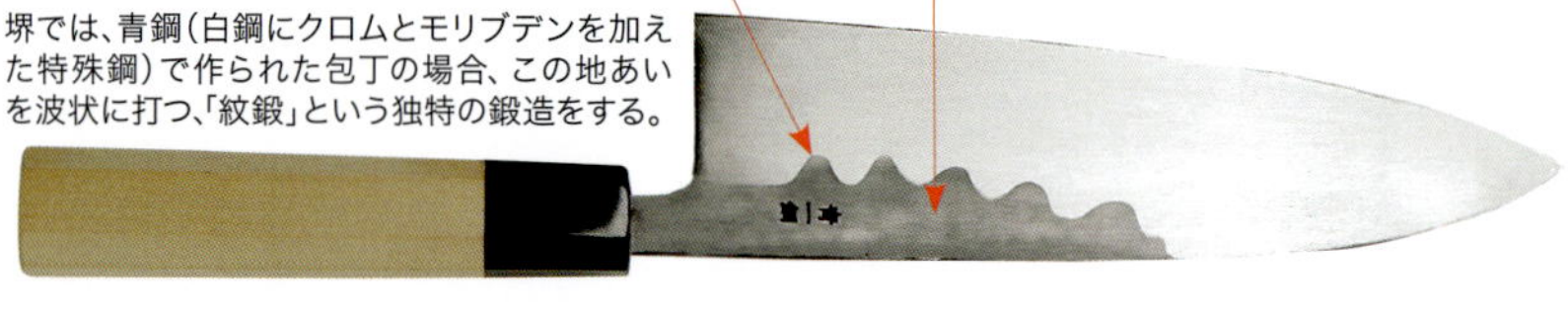

堺では、青鋼（白鋼にクロムとモリブデンを加えた特殊鋼）で作られた包丁の場合、この地あいを波状に打つ、「紋鍛」という独特の鍛造をする。

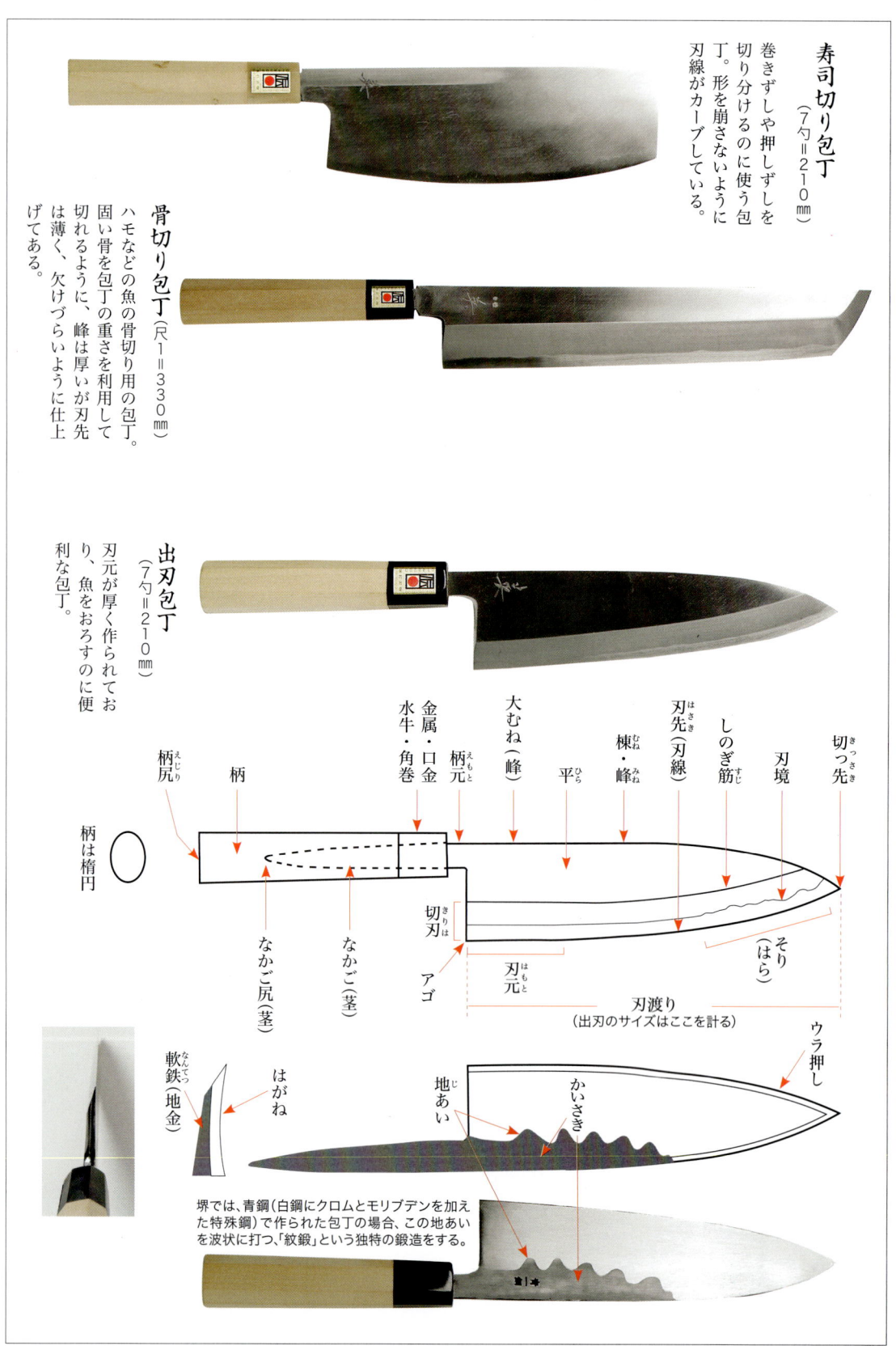

和包丁ができるまで

協力／江渕打刃物製作所 山本刃剣

業務用包丁の世界では9割を占める日本最大の産地が、大阪府堺市だ。包丁の形を作る「鍛冶《かじ》」と、それに刃をつける「研《と》ぎ」を別々の業者が分業するのが堺の刃物作りの特徴である。ここでは合わせ包丁を例に、その製造工程を紹介する。

鍛冶

金属を熱して柔らかくし、叩きながら包丁の形に整えていく工程。叩いてのばすと、そのたびにどうしても微妙な反りが生じてしまうが、それを何度も調整しながら、製品の形へと近づけていく。高い室温と金属音の中で、熱した金属や炉の赤い色をじっと観察し、叩き加減や炭の量を加減する熟練の技が、品質の高さを支えている。

鍛造された合わせの包丁。刃金と地金が接合し、継ぎ目にきれいな波紋が浮かぶ。

鍛冶一筋29年になる包丁鍛冶、江渕浩平さん（47歳）。

上 工房の一角を占める包丁の型の見本。出刃や柳刃はもちろん、東西のうなぎ用割き包丁や畳用など、江渕さんがこれまでに手がけてきた型の数々。
右 鍛冶に欠かすことのできない、高温に耐える耐火レンガ製の炉。左手の開口部からコークスや松炭を入れ、フイゴで空気を送って火力を上げ、合せた地金と刃金を熱しては鍛えて包丁の形を作っていく。

動力ハンマーで叩きのばして、おおまかに包丁の形を整えたのち、さらに叩いて地金と刃金を密着させる。（工程③）

火の色を見ながら左手で炉に空気を送り、右手でこまめに継ぎ足して温度を保つ。（工程②）

真っ赤になった地金に接着剤をつけ、刃金をのせる。（工程①）

タガネを使って柄の先のところで包丁１本分を切り取る。（工程④）

火力の強い石炭の一種、コークス。工程⑨の焼き入れではゆっくり加熱できる松炭を使う。

ヤットコで挟んで再び熱し、中子を形づくる。約 750℃にして、ハンマーで形を整えやすくする。（工程⑤）

鍛冶の工程

① 刃金《はがね》付け

地金（軟鉄）を炉に入れて真っ赤に焼き、ハンマーで叩いて平らにする。その上に硼酸（ほうさん）、硼砂、酸化鉄などの接着剤をつけた刃金（鋼）の上におく。

② 火造り

コークスで８００℃に加熱した炉に入れて加熱する。

③ 先付け

叩いて徐々に地金と刃金をなじませ、鍛接する。

④ 切り落とし

ほぼ包丁の形になったら、タガネを使って柄の先のところで包丁1本分を切り取る。

⑤ 焼きなまし 中子とり 整形

柄の長いヤットコで挟んだまま再び炉に入れて７５０℃に熱する。叩き延ばしながら中子（柄になる部分）を形づくる。ひずみをとりやすくするため、わらの中に入れて灰になる過程でゆっくりと冷ましたのち、表面に着いた酸化被膜をハンマーで叩いて剥がす（ベト落とし）。

焼き戻しは技術と経験を要する高度なテクニック。これにより刃金に粘りが生まれ、欠けにくくなる。(工程⑨)

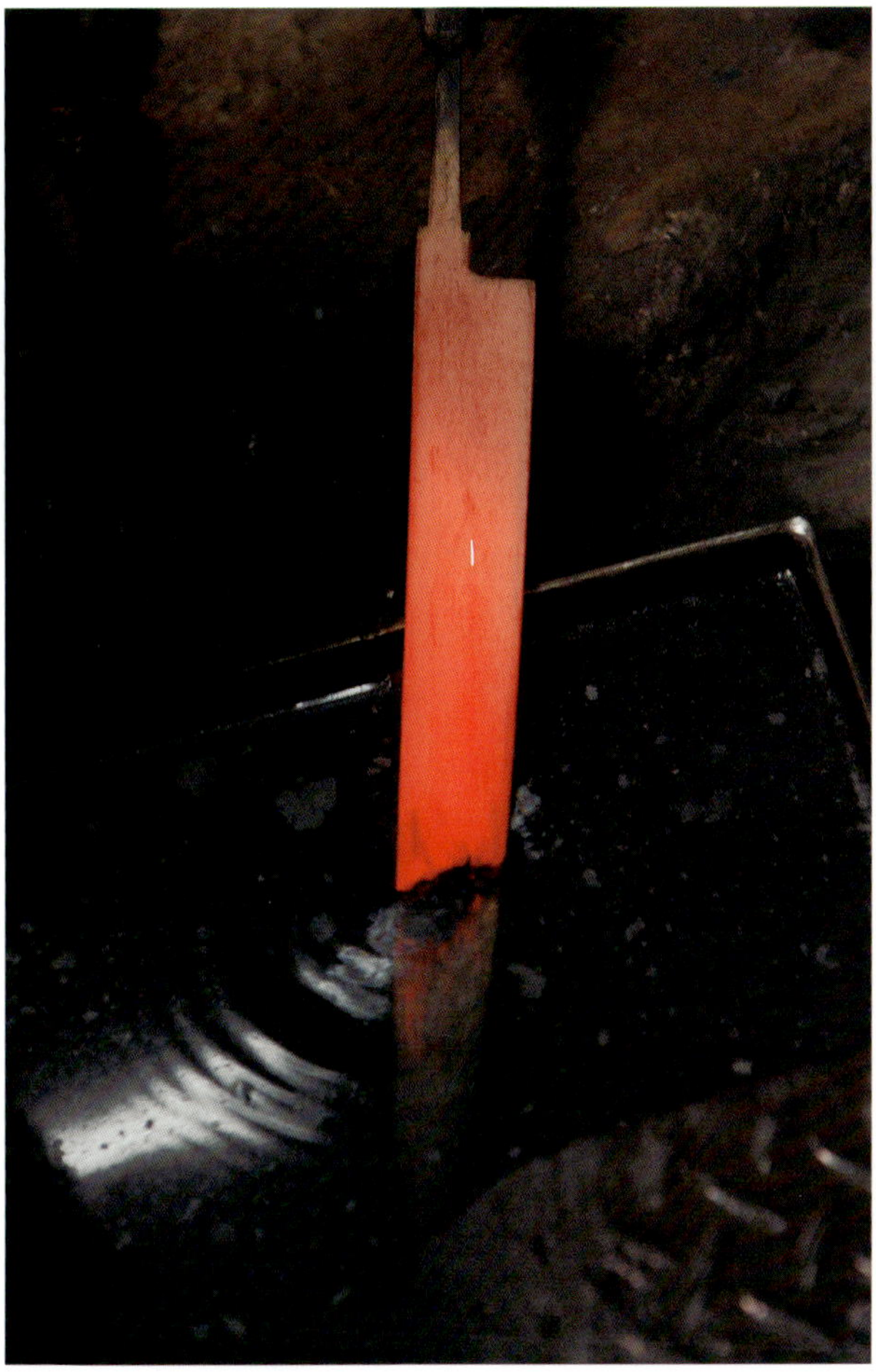

炉に入れて800℃で加熱。真っ赤に焼けた包丁を炉の脇に設けた水槽に一気に浸け、一瞬のうちに冷却させる。焼き入れにより、刃金の硬度を高める。(工程⑨)

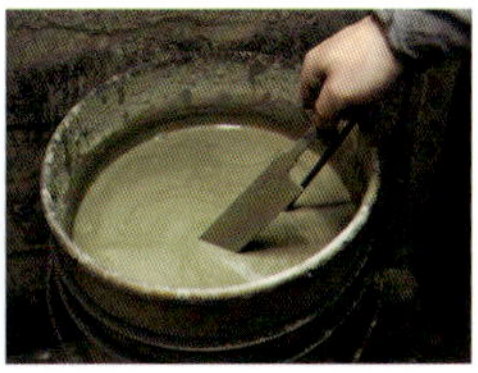

油分やよごれをとり、泥を塗る。(工程⑨)

炉の余熱で泥を乾かす。泥を塗ることにより、水に浸けたときに気泡ができず、素早く均等に焼き入れすることが可能になる。(工程⑨)

⑥ 粗叩き 裏すき

冷ました包丁を動力ハンマーで粗叩きをする。その後、グラインダーにかけて刃金の付いている裏を研磨し、裏をすく。

⑦ 仕上げおろし 断ち回し 歪みとり

余分な地金を切断機で切り落として形を整える。裏面にムラができないように表面からハンマーで叩いて打ち締め、同時に歪み、反りを修正。さらにグラインダー、ヤスリを使って包丁の形にする。

⑧ 刻印打ち 摺り回し

裏に刻印を打つ。再度ハンマーでねじれなどを修整する。

⑨ 焼き入れ

焼きムラができないように泥を塗り、炉で加熱したのち、水槽に浸けて一瞬で冷却する。

⑩ 焼き戻す

包丁を再び炉に入れて熱し、焼き戻す。

⑪ 泥落とし 歪み直し

木製の台の上に置き、槌で打って焼き入れの際に生じた歪みを直す。

研ぎ

鍛冶で形が整った包丁を研ぎ、道具としての命を与えるのが研ぎ師の仕事。さらに柄つけをして銘を刻む仕事は、ここ山本刃剣のように研ぎ師が行なう場合もあるが、包丁問屋や小売店が行なう場合が多い。

包丁の刃先を研ぐ。（工程②）

包丁を木型にはめる。これを荒研ぎして刃先の肉を落としていき、角度を決める。（工程①）

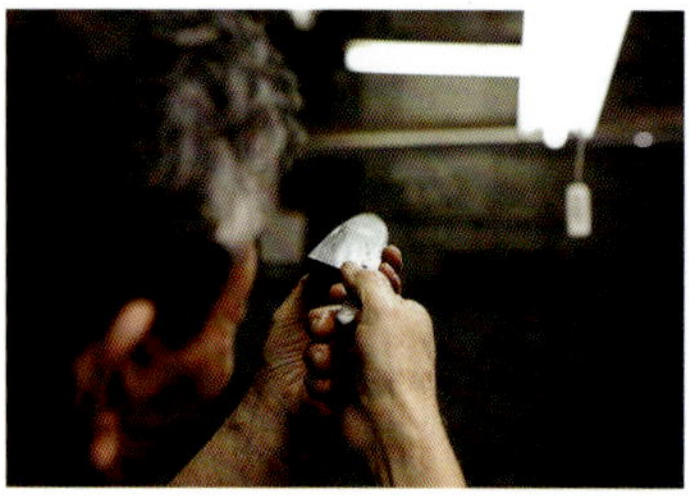

包丁のゆがみの状態を、蛍光灯の光を入れて確認する。

鉄のハンドルの回転砥石で荒研ぎする山本真一郎さん（55歳）。てこの原理の応用で少しの力で多く削り取れる。（工程①）

木の台の上におき、金づちで叩いてゆがみをとっていく。（工程①）

研ぎの工程

①
荒研ぎ
歪取り
平研ぎ
歪取り

鍛冶を終えた包丁を、研ぎ棒にはめ、円砥（回転砥石）で切り刃を荒研ぎする。曲がりが出るので、金づちで叩いてゆがみを取る。

②
平研ぎ
歪取り
本研ぎ
急刃付け
歪取り

再度、研ぎ棒で包丁の平面を研ぎ厚みを決める。そしてまたゆがみを取り、切り刃の部分を研ぎすすめる。本研ぎが終わったら、厚みのある急刃（2段刃）を付ける。

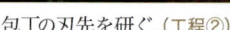

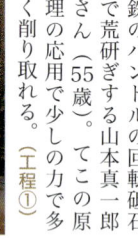

柄つけした包丁に油を引く
山本英明さん（78歳）。

さまざまな目の羽布。

石ではなく、木でできた回転木砥。これを当てることで「目」を通していく。（工程⑤）

ゴム片につけた砥石のパウダーを、切刃の部分にこすりつける。これにより軟鉄の部分が白っぽくくもり、刃紋の鋼の部分を浮かび上がらせる。“霞”と呼ばれるゆえんである。（工程⑦）

銘をきざんで完成。

③ 裏研ぎ
裏羽布《ばふ》当て

微妙にゆがみを取りながら、裏に凹凸の無いように仕上げる。その後、裏の研ぎ目が細かい目となるように羽布あてする。

④ 刃あて
（急刃取り）

本研ぎ後に付けた急刃を、ていねいに円砥で取りすすめていく。

⑤ 羽布あて
木砥あて

ほぼ包丁としての形、厚みが決まった包丁の表面を羽布で磨き、細かい目に仕上げていく。羽布が終わったら木砥をあて、表面をヘアライン（髪の毛のようなごく細かい傷をつける）に仕上げる。

⑥ 際引き

樫・竹等の木で磨き、包丁の際を引き立たせる。

⑦ 霞仕上げ

刃の部分を、砥石のパウダーで霞の様に白くぼかす。

⑧ 小刃合わせ

研ぎの最後として、刃先を砥石で小刃（ごくわずかな2段刃）を付ける。この工程で、切れる包丁になる。

⑨ 柄付け

中子をバーナーで加熱し、木柄に叩いてさし込む。

道具の手入れ

鈴木直登

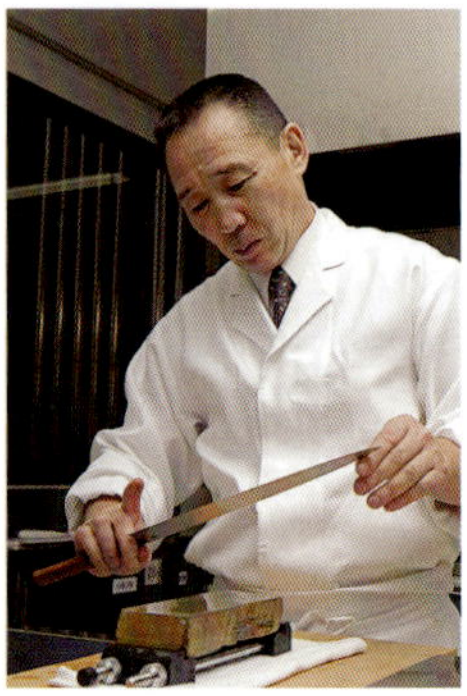

刺身を美しく引くには、包丁とまな板のよいコンディションを維持するよう気配りすることが欠かせない。普段の手入れについて、「東京會舘」の鈴木直登料理長の手法を拝見しよう。

包丁について

通常は、作業中に切れ止まることのないように、二日に一度の割で仕上げ砥を使用して刃先を研ぐ。それ以外の日は、仕事を終えたあとに磨き粉をつけて磨き、水分を取っておく。ただし、包丁が切れ止まって作業に支障が出た場合は、その日のうちに中砥と仕上げ砥を使用して研ぐ。

〈準備〉

1 仕上げ用砥石2種。天然砥石（左）と人造砥石（右）。

2 砥石は使う前に水に浸け、水を含ませる。

3 ぬらして固く絞ったタオルを平らな板の上に敷き専用の台（市販品）に固定した砥石を置く。

〈仕上げ砥で研ぐ〉

4 研ぎたい個所に指を添え、砥石と密着させて研ぐというのが基本。砥石と包丁の間に15度ほどの角度をつけ、往復させる。

5 少し刃を立てぎみにして峰を手前にして持ち、刃元から刃先まで砥石の上を軽くスッとなぞり、「かえり」（研ぐことで包丁の裏に出てきたはみだし）を取り除く。

6 刃を外に向け、ぬらした布で包丁の刃元を押さえ、包丁のほうを手元に引いて表面についた砥クソ（削れた砥石や金属からなる泥状のもの）をきれいにぬぐって落とす。

7 和紙を芯にして晒しを直径5cmほどの太さに巻き、ひもを巻いてきつく縛ったものを用意。研いだ包丁を平らなところに置き、中性洗剤をつけたこの布を当てて、力いっぱいこすって両面を磨く。

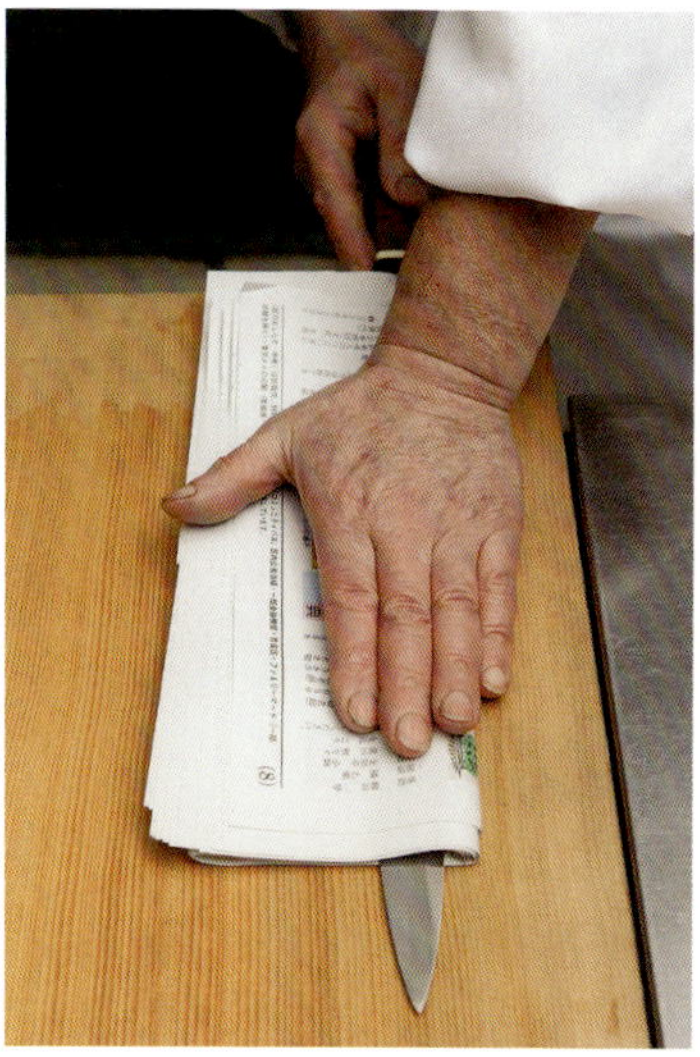

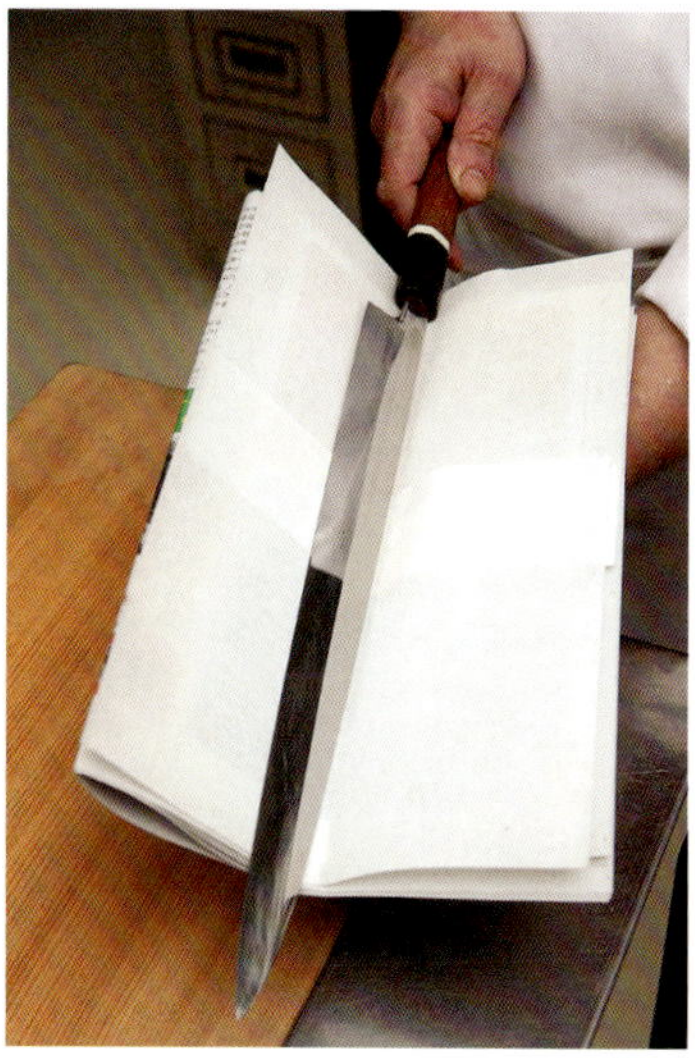

8 刃を外に向けて懐紙と新聞紙で挟んで平らなところに置き、左手の手の平で摩擦が起こるくらいにしっかり押さえ、右手で包丁を引き抜いて刃の水分をとる。

まな板について

木製のまな板は合成樹脂製のまな板と比べると、包丁が切り止まらないという利点があるが、自治体によっては生食用に用いると保健所の指導が入る場合がある。

まな板を斜めに置き、タワシを用いて水洗いする。水気をよくきり、立て掛けてよく乾燥させる。まな板専用の殺菌庫を使用してもよい。

造りの基本技法

谷本佳美・三階文法

刺身を切るには、美しさもさることながら、食べやすさを考慮しなければならない。"造り"とは関西での刺身の呼び方であり、関東と関西ではへぎ切りとそぎ切りの定義が異なるなどの地方差があるが、ここでは関西の用語で説明する。

素材に対して直角にまっすぐに切る基本の刺身の切り方。マグロのような柔らかい赤身の魚や、皮と身の間の銀色の薄皮を美しく見せるのに向いている。

包丁の刃元から切っ先に向けて引き切る。

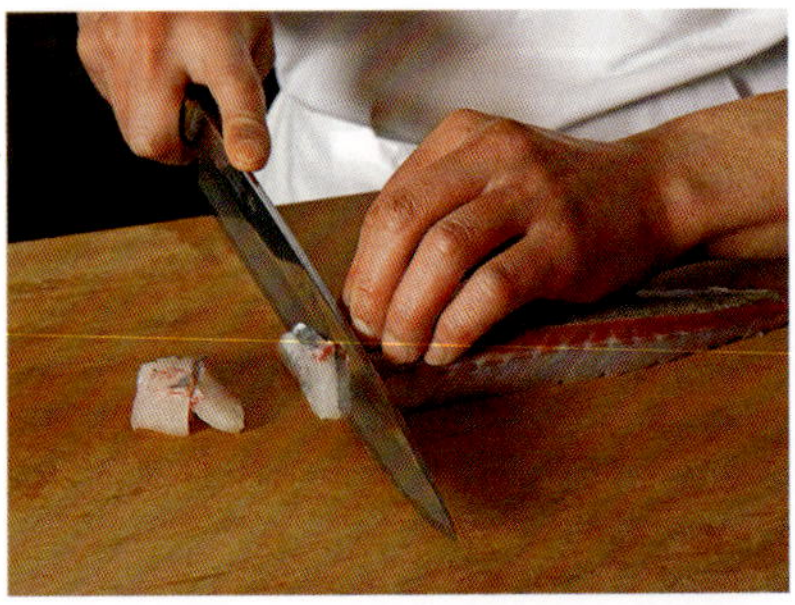

切り終えた刺身は包丁をむかって右にずらして邪魔にならないように移動させていく。

薄造り

固い素材を噛み切りやすく、薄く切るための技法。魚種によって固さが違うので同じ薄造りでもおのずと厚みが違ってくる。タイよりもオコゼ、オコゼよりもフグのほうが薄く切られるのはそのため。また活締めの魚よりも固い〝締めの魚（死後硬直した魚）〟なども薄造りにしたほうが食べやすい。

包丁を傾けて（「てらす」という）、へぐようにして引き切る。そのため厚めに切ったものを「へぎ造り」とも呼ぶ。

切り終えた刺身は左手ですべるように前に押し出し、包丁からはがしたら、邪魔にならないようにむかって左に並べていく。

数字は切り出していく順序。

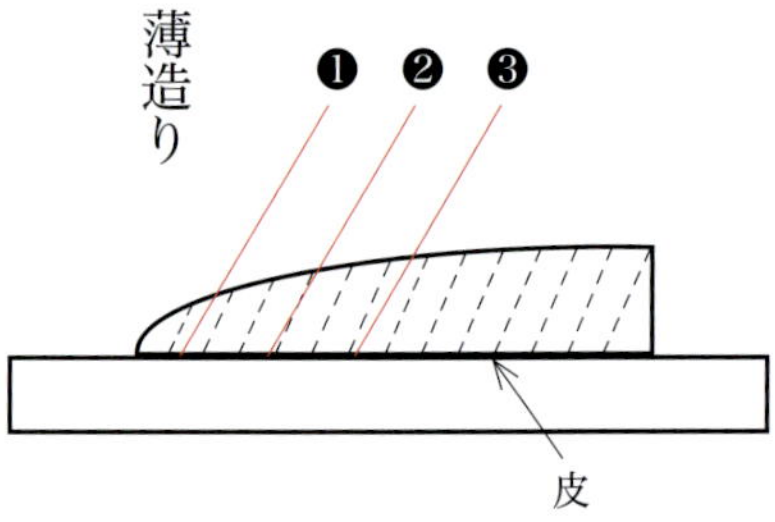

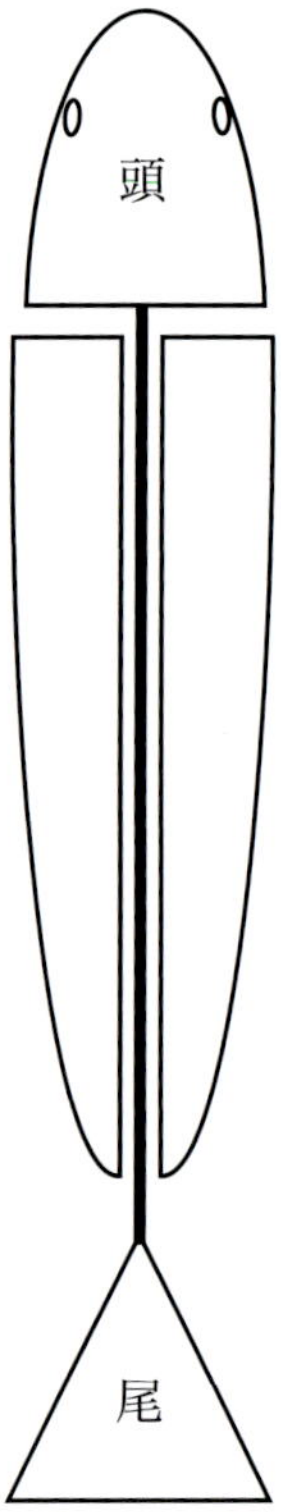

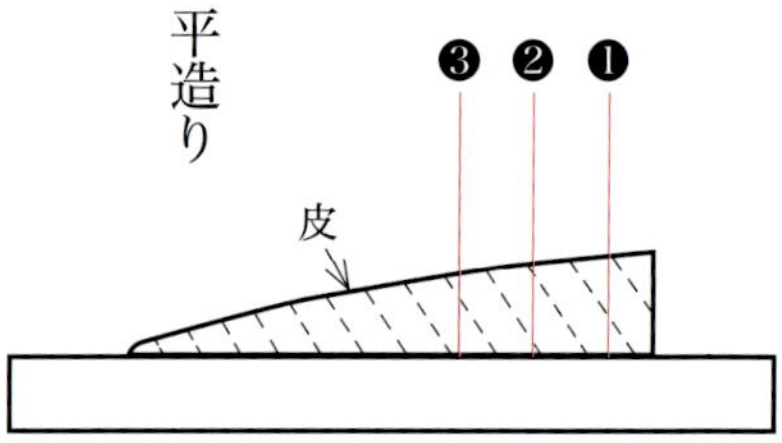

薄造りにする場合、繊維の流れ（斜めに走っている）に沿って、はがすように切りはずしていく。

平造りにする場合、皮側を上に裏返して、手前に腹骨側がくるようにする（奥が高くなる）。

細造り

平造りや薄造りに向かない端の部位や、もともと細い魚を切る技法。醤油を別添えにしない茶懐石の向付も、この切り方をすることが多い。こんもりとうず高く盛ることが多く、杉の木に見立てて〝杉盛り〟と呼ぶ。

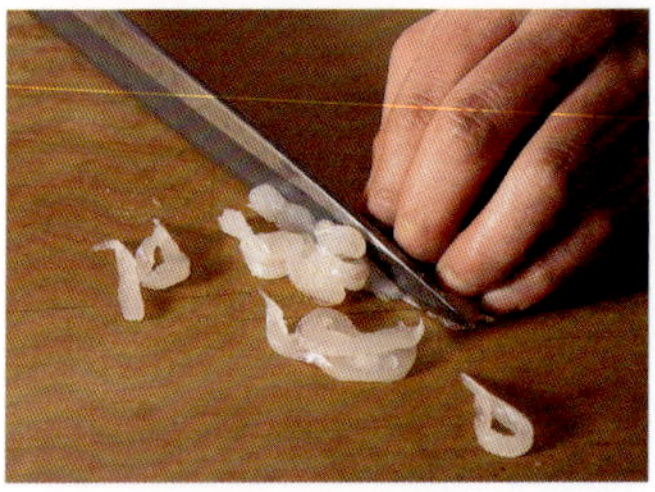

魚を縦におき、ある程度の長さになるように細く切っていく。

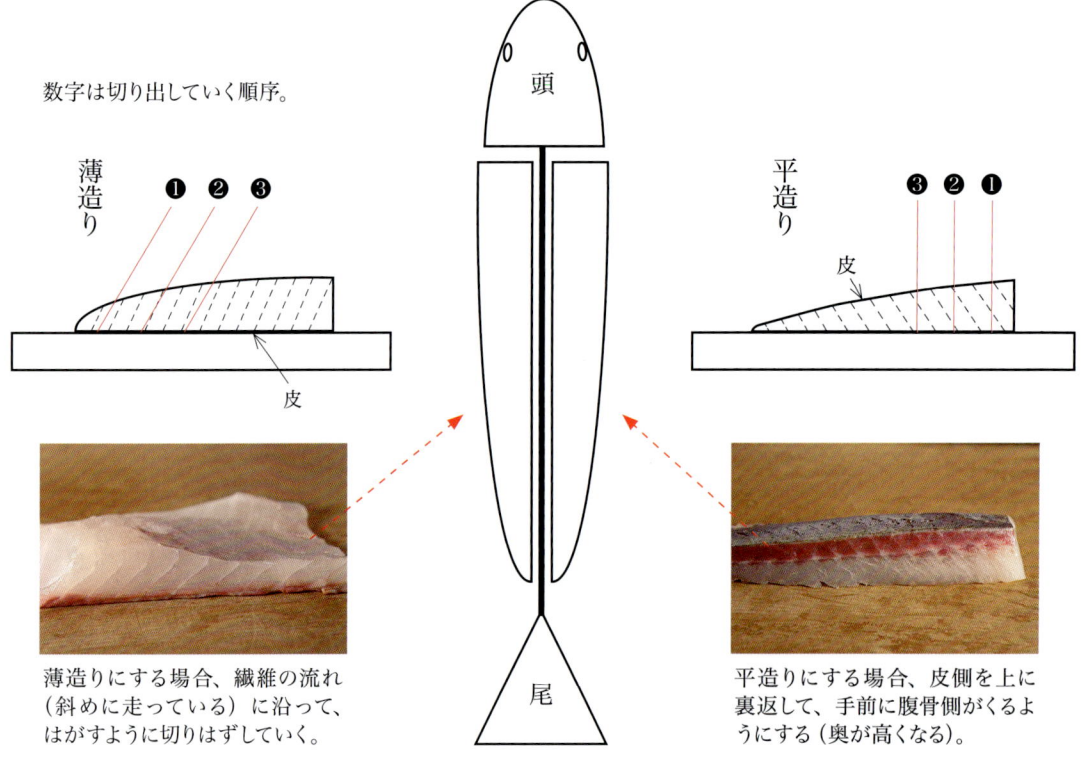

飾り包丁

イカや貝類などに美しく包丁目を入れるのは、見た目の美しさばかりではなく、噛み切りやすさや醤油の染み込みやすさのためでもある。同じイカでも固いヤリイカは鹿の子造りで、柔らかいモンゴウイカは橋造りのほうが向いている。

鹿の毛のように斑になったものをを鹿の子と呼ぶが、造りの場合は格子模様を指す。包丁をやや傾けて（てらして）切り込むと切り口が美しく広がる。

90度で交差するように再度切り目を入れたのち、ひと切れずつの大きさに切り出していく。

全部切り込みを入れ終えたら、イカを傾けて置き直す。

ひと切れの幅に切り出したイカに斜めに切り込みを入れていく。

鹿の子造りが2回切り目を入れるのに対し、縦に細く1回切り目を入れるだけの切り方。丸めて太鼓橋のように盛りつける。

切り目が開くように、アーチ状に丸めて盛りつける。

食べやすいように半分の大きさに切り分ける。

イカの繊維に対して垂直に切り込みを入れていき、適当なところで切り落とす。

つまの作り方

高瀬圭弐

刺身に添えるつまやけんは、日本料理の包丁技が生んだもの。刺身の味と見栄えを引き立ててくれる。ここではその代表的なもののいくつかと、40頁の盛り付けに用いた曲げ年輪大根の作り方を紹介する。

縒《よ》り人参

縒《よ》った糸のようにくるくるっと巻いたあしらいを「縒りけん」という。ニンジンで作れば縒り人参だが、ほかにもダイコンやカボチャなどいろいろな野菜で作れる。

あまり薄いと次第にねじれが取れてのびてしまうので、ある程度の厚みを持たせるとよい。

1 やや厚めの桂むきにしたニンジンを斜めに引き切りにする。

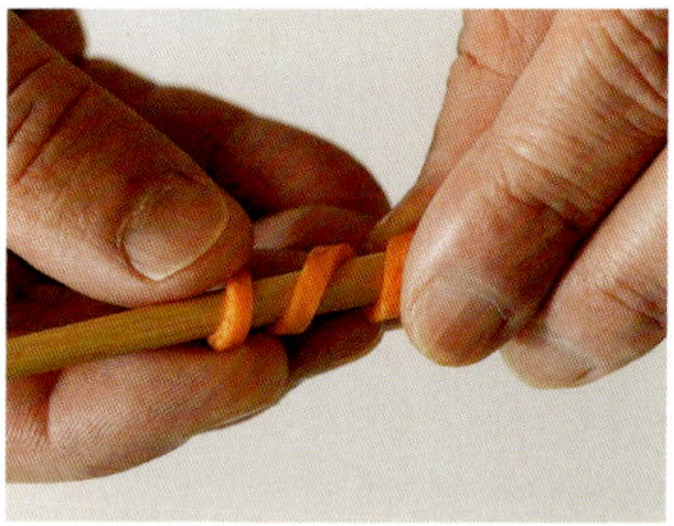

2 箸に巻きつけて、形を作る。

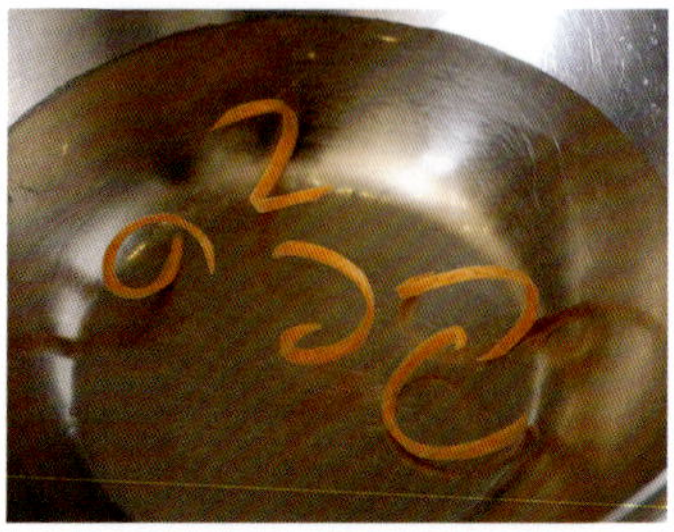

3 水に放ち、しばらくおくと丸まってくる。

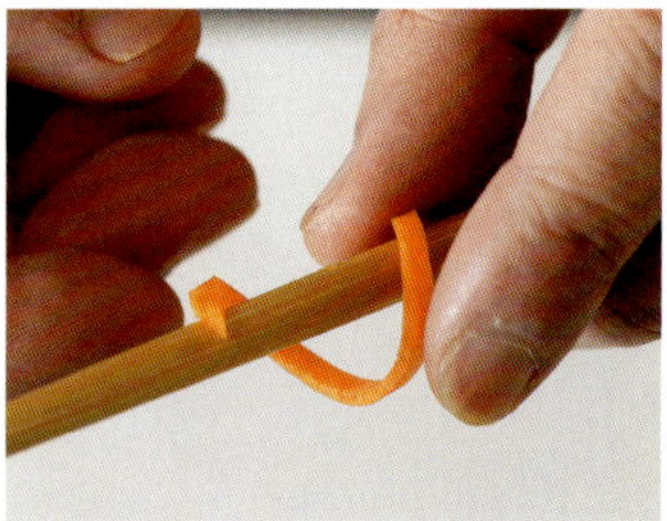

4 さらに巻き癖をつけるために、再び箸に巻きつける。

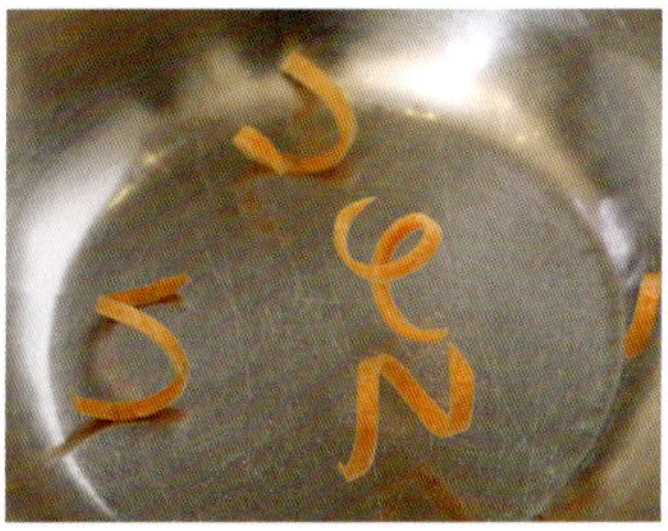

5 水に放ち、すぐに引き上げる。

6 完成。長時間水に浸けると形が元にもどってしまう。

碇防風

茎が白くてすっと長いもやし栽培のハマボウフウと同じ植物だが、刺身のつま用は軸が赤紫になるように育てられている。根元を縦に裂くとくるくると丸まり、船の碇のような形になる。

1 ボウフウとマチ針を用意する。

2 ボウフウの根元をマチ針で4、5回細かく裂く。

3 水に放つと、裂いた先端が船の碇のように丸まってくる。

輪車大根

ダイコンの茎に細かく切り目を入れて、丸い輪の状態にする。ここでは切り目を垂直に入れたが、斜めに切り込むと「唐草大根」となる。

1 3mm ほどの幅に細く切ったダイコンの茎と、同じくらいの長さの竹ひごを用意する

2 竹ひごをダイコンの向こう側におき、ダイコンの茎に細かく切り目を入れる。

3 切り目を入れ終えたら、さらに縦に切り分ける。

4 竹ひごの厚みのぶんだけ、つながった状態になる。

5 水に放って 30 分ほどおくと、自然に丸まってきて輪の形になる。

網大根

「網けん」ともいい、船盛りの際に漁網に見立てて飾るのによく用いられる。ここでは切り目を入れてから桂むきにしたが、逆に桂むきにしたダイコンを再び巻き取って、互い違いに切り目を入れても作れる。

1 ダイコンを15cmほどの長さに切り、粗く四方を切り出す。

2 あとでむいてしまうのでおおまかな形でよい。

3 中心に先端のとがった長い棒を刺し通す。

4 中心の棒のところまで1cmくらいの幅で切り目を入れる。

5 裏返して反対側からも同様に切り目を入れる。

6 棒が刺さったまま、周囲からむいて円柱の形にととのえる。

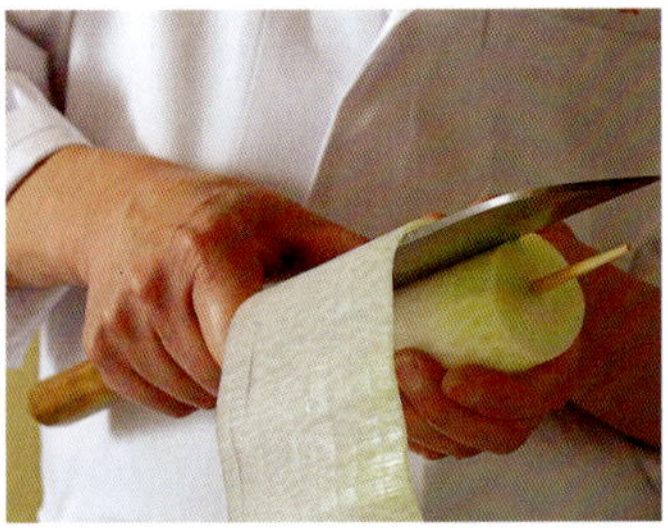

7 円柱になったら、薄く桂むきにしていく。

8 塩水に浸け、しんなりさせる。切り目が開いて網状になる。

9 完成。

曲げ年輪大根

桂むきにした大根を丸めて輪切りにし、縁から上に引き上げて器の形にする。ここではさらに三箇所にへこみをつけて、洲浜（入り組んだ浜の洲のような形でめでたいとされている）の陶器のような形にしている。

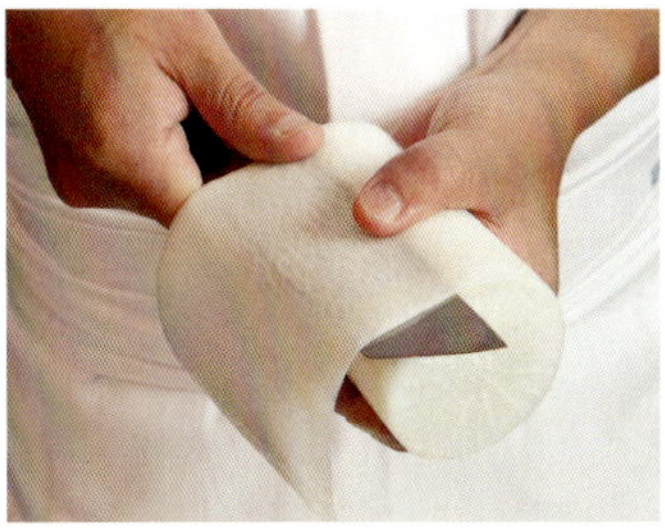

1 ダイコンの桂むきをできるだけ長くむく。

2 桂むきの端を２本の金串でしっかり挟む。

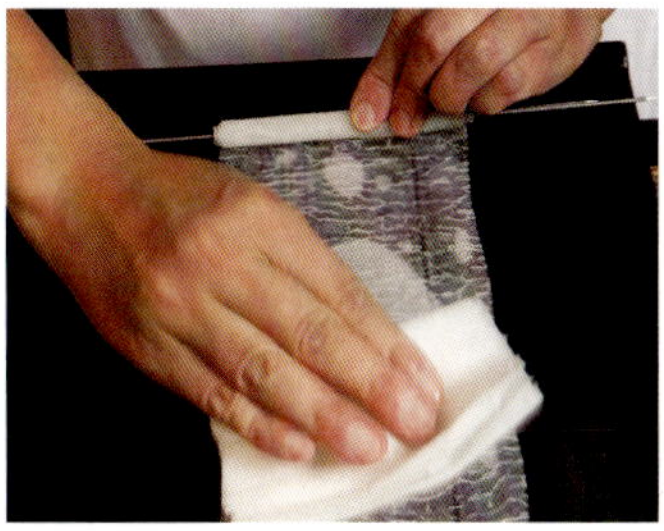

3 水気がにじみ出てきたら、そのつどふき取る。

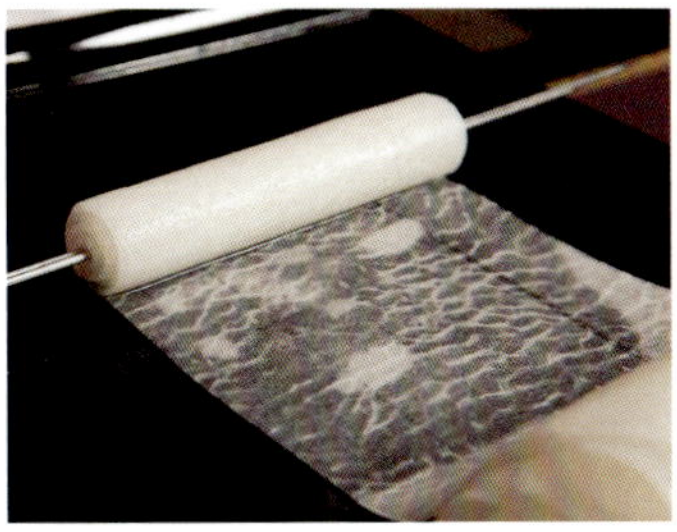

4 ゆるまないようにしっかりと巻いていく。

5 途中で金串を抜き取り、さらにきっちりと巻いていく。

6 巻ききったら、継ぎ目がわからないように桂むきを足して再び巻く。

7 必要な太さになったら、1cmほどの厚みに切り出す。

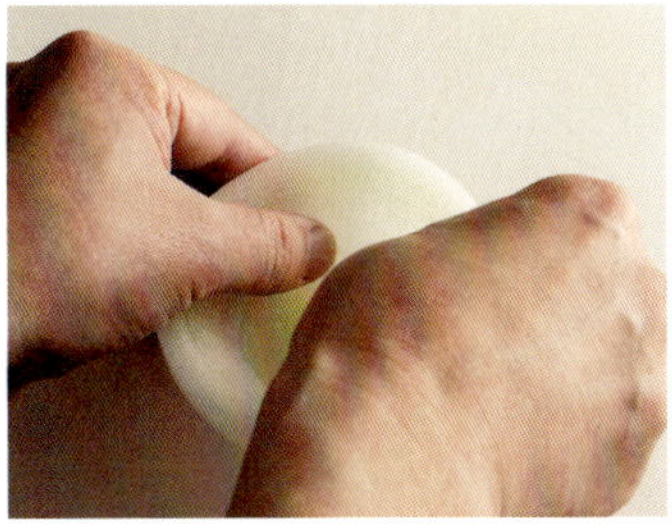

8 少しずつ端を引き上げて、器の形にする。

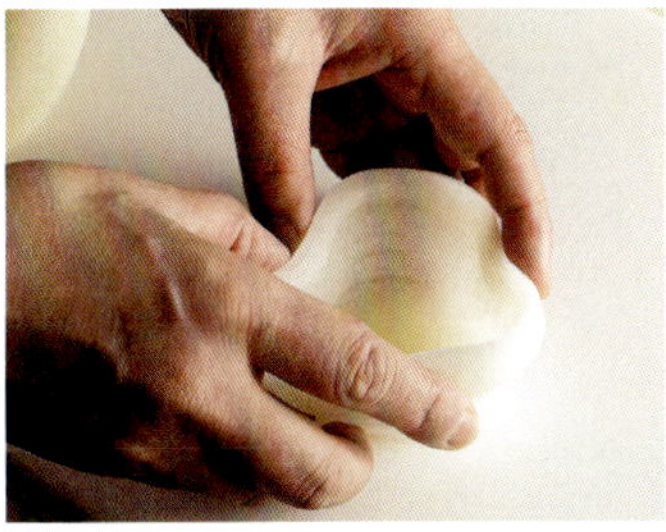

9 指で押さえて形を整える。

基礎編

―各種盛り付け例―

3軒の料理店の主人・料理長が1種盛り、2種盛り、3種盛りの3つの形式で、それぞれ得意とする刺身を披露する。盛り付けや取り合わせ、包丁の冴えを参考にしていただきたい。

一種盛り

谷本佳美 三階文法

祇園たに本

料理解説88頁

鯛そぎ造り

紋甲烏賊《もんごういか》の橋造り
はじかみ

ねっとりした烏賊の箸休めにはじかみを

赤貝鹿の子《かのこ》造り
法蓮草　山葵

蛸《たこ》の湯洗い
菜の花　岩塩

あくのない掘りたての筍を刺身で

白子《しらこ》筍《たけのこ》の刺身

蕨　木の芽

細魚《さより》昆布締め

一寸豆

伊勢海老の洗い
長芋　防風

甘鯛昆布締め

鮃《ひらめ》薄造り

みる貝桜花造り

独活　葉山椒

鰤《ぶり》焼き霜造り

錦木
洗い葱
壬生菜
酢取り蕪
鷹の爪

おばんざいの錦木に倣《なら》って
横一列にうず高く盛る

雲丹《うに》と雲子《くもこ》の葛寄せ

鱧《はも》の落とし
大葉

一種盛り

高瀬圭弐

宝塚ホテル

料理解説90頁

小鯛薄造り
酸橘
色紙縒り人参　大根
花穂紫蘇

レモン釜
蛸湯引き
蓮芋　山葵

市松模様に並んだ
海苔で巻いた鮪の赤身

手毬《まり》器
鮪《まぐろ》市松《いちまつ》造り
縒り野菜　大根　南瓜　人参
大葉　山葵

鮑《あわび》 波造り

諸胡瓜 縒り南瓜 茗荷 大根 山葵

波間にただよう船に見立てた茗荷を添えて

梅花かぶら

烏賊俵造り

いくら 縒り人参 山葵

昆布籠盛り

甘鯛焼き霜造り

公孫樹南瓜　酸橘　山葵

一種盛り

鈴木直登

東京會舘

料理解説91頁

鰈《かれい》薄作り

鴨頭葱　紅葉卸し

鯛松皮作り

松葉独活　青芽　生海苔　山葵

鮃《ひらめ》 糸作り
芽萱草　岩茸　山葵

鮪長手作り《まぐろながて》
青芽　花穂紫蘇　大葉　大根　山葵

江戸伝統の鮪の切り方

二種盛り

谷本佳美
三階文法
祇園たに本

料理解説92頁

美しい包丁目を生かした
紅白の刺身

唐草《からくさ》赤貝と
鹿の子紋甲烏賊

縞鰺《しまあじ》と車海老

人参　大根

花びらおこぜと とり貝

山葵

鯛の松皮造りと針烏賊

鰹の替わりに鮪の幼魚を叩きに

横輪《よこわ》叩き造り
目板鰈の漬け
骨せんべい
九条葱

二種盛り

高瀬圭弐

宝塚ホテル

料理解説93頁

輪冬瓜
伊勢海老洗い
油目焼き霜
金魚草

曲げ年輪盛り
帆立焼き目
平政平造り
芽キャベツ
山葵

三宝柑のさわやかな香りが白身魚を引き立てる

三宝柑盛り
鰤《ぶり》鹿の子造り
石鰈《いしがれい》そぎ造り
縒り赤蕪
山葵

花びら盛り
きはだ鮪重ね造り
細魚一文字
こごみ
山葵

竹皮盛り
鰹叩き
平目筍巻き
ラディッシュ
山葵

文銭氷
穴子焼き霜造り
縞鯵八重造り
筒南瓜　酸橘
山葵

一文銭の形に固めた氷に刺身を盛る

二種盛り

鈴木直登

東京會舘

料理解説95頁

針魚《さより》木の葉作り
平貝昆布締め
嫁菜　防風　山葵

勘八《かんぱち》平作り
矢柄《やがら》鹿の子作り
紅たで　菜の花　山葵

鱸《すずき》　焼き霜作り
赤貝唐草作り
花穂紫蘇　青芽　山葵の葉
蓮芋　山葵

鰹土佐作り
烏賊鳴門作り
ゴーヤ　防風　浅葱　茗荷　生姜

三種盛り

谷本佳美
三階文法
祇園たに本
料理解説96頁

鯛　鮪
剣先烏賊
独活　茗荷　大根

まな板皿に盛りつけて
取り回しに

鮃 横輪 雲丹

山葵

あこう 鮪 おこぜ
独活

縞鯵 鰈 赤貝
山葵

すべて湯をした素材で
一皿を構成

あこう湯洗い
おこぜ湯洗い
横輪霜降り
大葉　はじかみ

三種盛り

高瀬圭弐

宝塚ホテル

料理解説97頁

桂むきの大根で作った奉書紙の巻物

奉書大根盛り
金目鯛皮霜
かんぱち
鳥貝
花びら大根
山葵

藤棚盛り
鰹そぎ造り
細魚笹締め
赤貝唐草造り
短冊胡瓜　人参
酸橘　山葵

天蕪編笠盛り
本鮪重ね造り
平目そぎ造り
牡丹海老
より胡瓜　紫芽　山葵

屋形白瓜盛り
おこぜ重ね造り
車海老油霜造り
鰺細造り
おくら　縒り南瓜
山葵

菊南瓜盛り
鱸洗い
紋甲烏賊切かけ造り
雲丹殻盛り
ラディッシュ　棒人参
山葵

透明な水から丸い玉を削り出す

水晶氷
鱧湯引き
鯒焼き目
鮑波造り
ばち胡瓜　花穂紫蘇
ちぎり梅　山葵

三種盛り

鈴木直登

東京會舘

料理解説98頁

酢で表面を固める
"小川"の技法を現代風に

金目鯛皮霜
鰺菊花作り
帆立貝小川締め
菊花　生姜　ラデッシュ
レモン　生海苔

家事㐂《かじき》一文字作り
伊佐木《いさき》褄《つま》折り
鱚細引き
蕎麦のスプラウト　昆布
生青海苔　大葉　山葵　大根卸し

縞鯵銀皮作り
鯒そぎ身
車海老油霜《ゆしも》
茗荷　南瓜　青芽　生姜

羽太《はた》洗い
蛸湯洗い
鱧湯引き
梅肉　防風
山葵　生海苔

応用編

—アレンジ例—

ここでは「刺身替わり」として提供できる料理を自由に発想してもらった。古典から発想したものあり宴会用の演出ありと、いろいろな方向から刺身の新しい可能性を探る。

刺身を自由に

谷本佳美
三階文法
祇園たに本
料理解説100頁

石鯛卯の花和え

水貝《みずがい》
鮑　車海老
胡瓜　独活

鱚《きす》白和え
木耳　茗荷
三つ葉

鳥貝鉄砲和え

高瀬圭弐
宝塚ホテル

料理解説101頁

造り替わり手毬寿司

シャンパングラス盛り サラダ仕立て

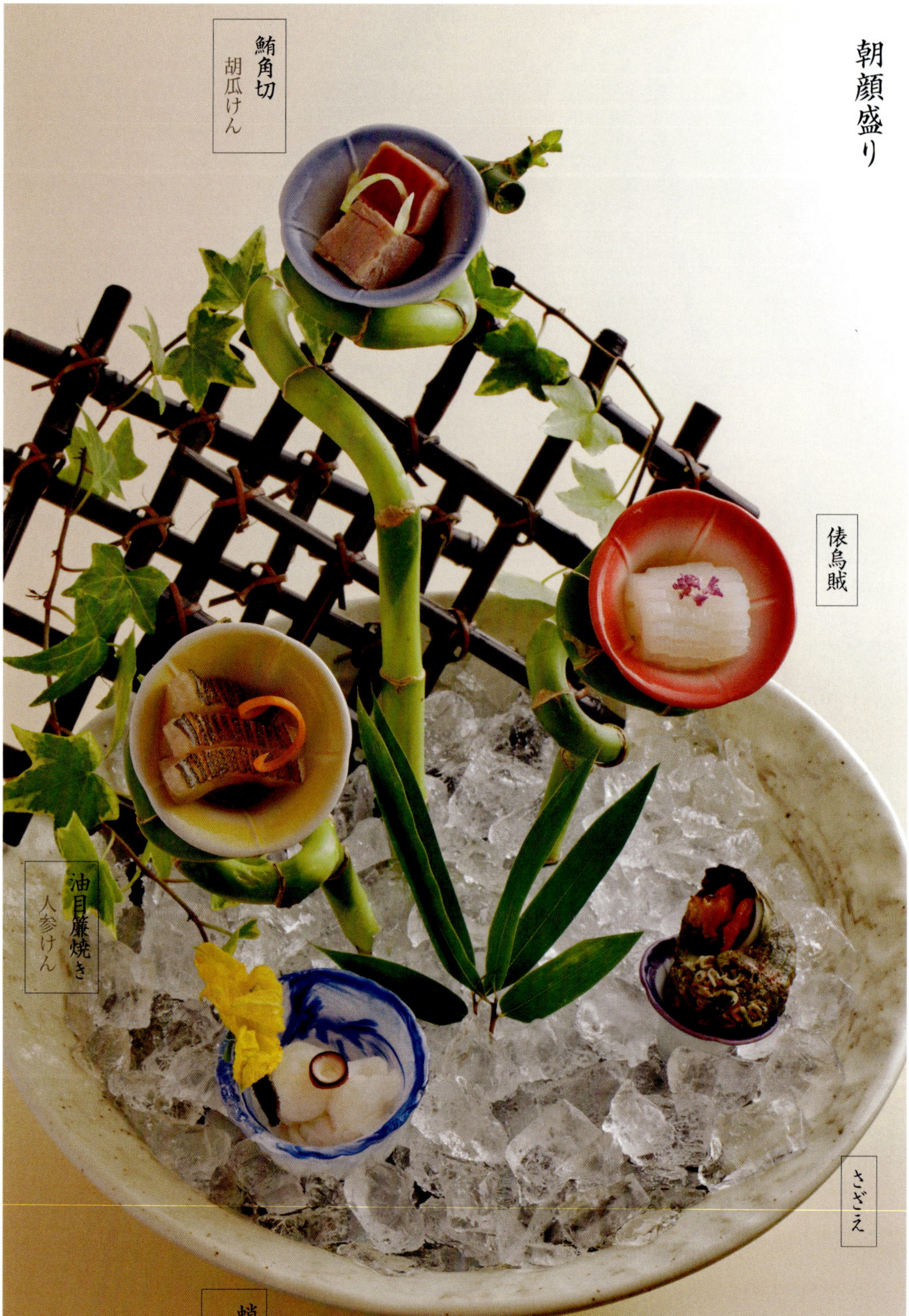
鮪角切
胡瓜けん
俵烏賊
油目簾焼き
人参けん
さざえ
蛸湯引き
花丸胡瓜

朝顔盛り

青竹盛り

烏賊蕎麦
出汁ゼリー
花穂紫蘇

鰹そぎ身 焼き皮
鯛身巻竹の子
車海老
縒り南瓜
山葵

湯けむり盛り

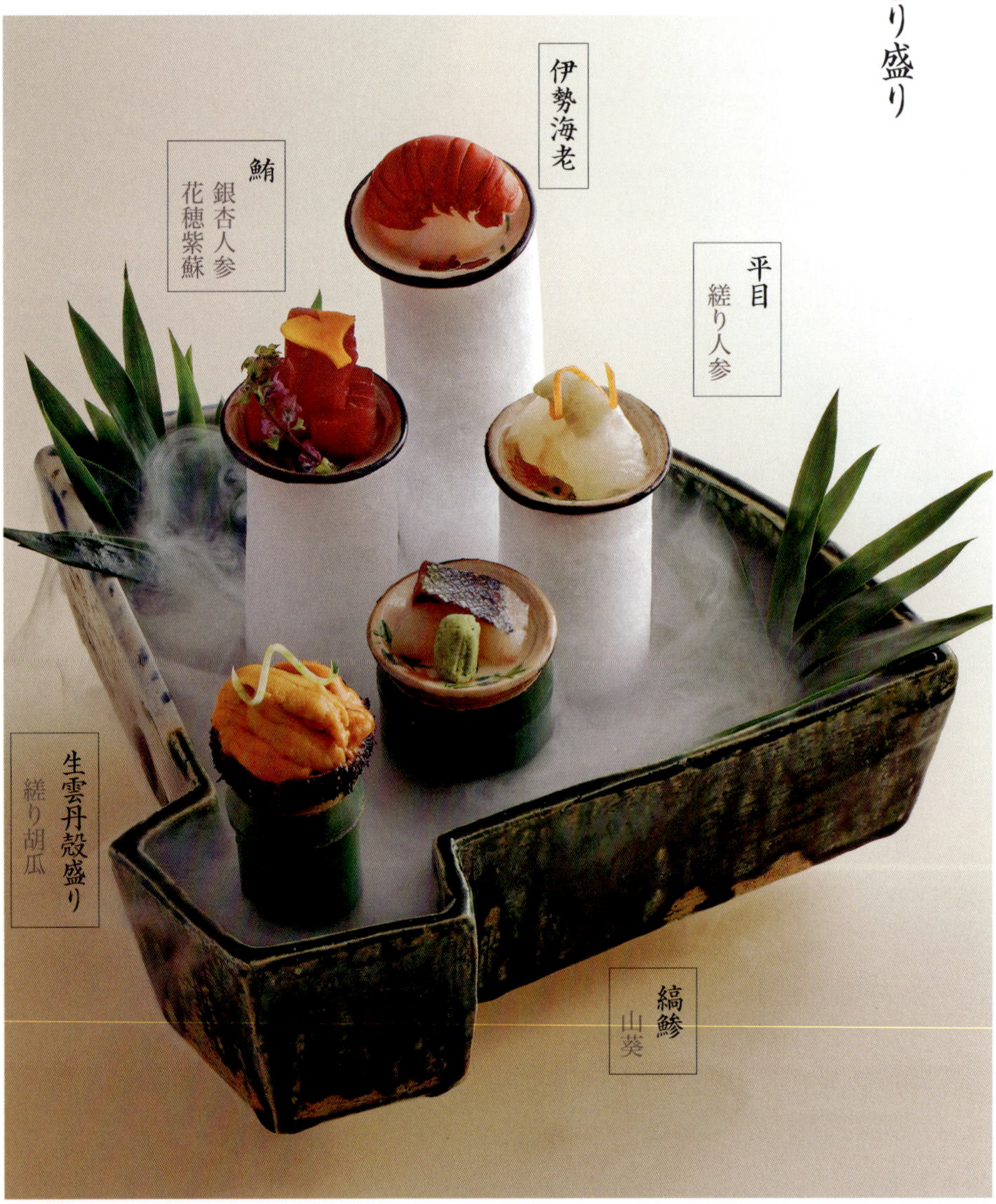
伊勢海老
鮪
銀杏人参
花穂紫蘇
平目
縒り人参
生雲丹殻盛り
縒り胡瓜
縞鯵
山葵

水玉氷

鯒焼き霜
鱧焼き霜
蛸焼き霜
蓮芋
とんぼ人参
山葵

刺身を自由に

鈴木直登
東京會舘

料理解説103頁

甘海老柚香風味

柚子
生海苔
黄人参

平政《ひらまさ》磯辺作り
生海苔
杉海苔
紅芯大根

鮪団子
辛子黄身酢

蛸たたき風
山葵
梅肉
寄せ若布

鯛手綱《たづな》巻き
菜の花
山葵

那智鰹
水前寺海苔　莫大海
浅葱　紅芯大根
生姜

ふぐ親子寄せ
紅葉おろし
鴨頭葱

才巻海老塩風味
生青海苔
岩塩

縮み鱧
梅肉　胡瓜
山葵

春駒本鮪

駒大根　昆布　生青海苔

桜草　山葵

烏賊味噌漬け
菊花　青芽
生姜

蝶鮫の細切り、キャヴィアのせ
胡瓜　南瓜
大根

醤油の章

醤油はただ塩辛いだけではなく、香りが高くうまみがあり、そのままなめるだけでもおいしい、いわば完成された調味料。主役となりうる力がありながら、隠し味として活躍することもできる。家庭では濃口醤油一種類で通すこともあるが、プロの厨房では淡口醤油は必需品。色をつけずに白く仕上げたい場合には白醤油、刺身に添える「造り醤油」ではたまり醤油や再仕込み醤油を用いるなど、用途に応じて複数の選択肢を使いわけたい。

醤油図鑑

協力／しょうゆ情報センター

関連記事／81頁

丸大豆だの特選だのと、醤油にはいろいろな種類があるが、ここではまず製法を元に整理しよう。なお淡口醤油を「薄口醤油」と書かないのは、色は淡いが濃口醤油よりも塩分は多いくらいで、けっして味が薄いわけではないから。ラベル表示ではすべてひらがなで、「うすくちしょうゆ」と表記する。

製法別、５種類の醤油

名称	主な原料	特徴	特級の窒素分	特級のエキス分(無塩可溶性固形分)
白醤油	少量の大豆、小麦	小麦主体の短期間発酵で色が濃くならないように製造しているため琥珀色。糖分が高い。	0.40%以上 0.80%未満	16% 以上
淡口醤油	大豆とほぼ同量の麦、米	塩分を濃口より高くしたり、低い温度で発酵させることで色が濃くならないように製造。伝統的に甘酒を加えて味をまろやかにする。	1.15%以上	16% 以上
濃口醤油	大豆とほぼ同量の麦	もっとも一般的な醤油で生産量の８割を占める。伝統的な製法で作られたものは本醸造と呼ばれる。	1.50%以上	16% 以上
再仕込み醤油	大豆とほぼ同量の麦	もろみに食塩水の代わりに生揚げ(火を入れていない醤油)を使用して仕込む。塩分は５種類の中でもっとも少ない。	1.65%以上	21% 以上
たまり醤油	大豆	小麦などは加えたとしても極少量。とろりとしている。	1.60%以上	16% 以上

差別化する醤油製品

各メーカーは特色を出すために、塩分量を減らした「減塩醤油」や、原料にフレーク状の脱脂加工大豆を用いていない「丸大豆醤油」などさまざまなタイプの商品を発売している。鍋焼きうどん用を想定して色を通常よりも淡くした濃口醤油や、粉末状に加工したものなど、用途に応じて開発された特殊なものもある。(写真は同一メーカーの異なるブランドの濃口醤油製品を同量ずつガラス器に入れた状態。同じ濃口醤油でも色が微妙に異なることがわかる)

醤油は製法から日本農林規格 (JAS) で５種類に分類され、それぞれ標準、上級、特級の３等級があり、成分や色などに基準が設けられている。さらに「特級」の醤油は、窒素分を1割、２割増しにするなどの条件を満たせば、それぞれ特選、超特選を名乗ることができる (84 頁参照)。

醤油の酸化

開封直後の濃口醤油は赤みがかった明るい色だが、空気に触れて酸化することで色が黒く変わり、香味も失われていく。冷蔵すると酸化の速度を遅くすることができるが、最近は空気が入らない構造の容器に詰めて、使い続けても鮮度を保つことができる商品もある。(写真は右から開封直後、開封後冷蔵庫で８日間保存、開封後常温で８日間保存)

天然醸造の醤油ができるまで

協力／㈱有田屋（群馬県安中市）

醤油の製法は、同じ濃口の商品であっても各種ある。原料の大豆や小麦の差も、味に反映してくる。各メーカーの醤油に個性があるゆえんだ。ここでは、原料に丸大豆、小麦粉、塩水、種麹のみを用い、時間をかけて発酵・熟成させて作る、天然醸造による製法を紹介する。

旧中山道沿いの安中宿で天保3年に創業した、老舗醤油メーカーの有田屋。焼き塩を用いた「フコク印 復刻版」を商品化するなど、品質本位の醤油作りに力を入れる。

社屋の一角に設けたショールーム兼販売所。2年醸造の「天然醸造しょうゆ」は、通常4月に仕込み、2回の夏を経た冬以降に製品化する。

塩を入れた中央の桶に左手の桶に貯めた冷水を注いで攪拌（かくはん）し、塩分濃度20%強の塩水を作る。（工程①）

大豆を高圧蒸気で蒸し煮にする蒸煮機（じょうしゃき）。（工程①）

ステンレスを貼った麹用の室（むろ）。シャッターで開閉でき、煎って粉砕した小麦と種麹を蒸した大豆に混ぜ、製麹（せいきく）する。（工程②）

醤油作りの工程

① 大豆を蒸す

主原料の丸大豆を洗浄し、高圧蒸気で蒸し煮にする。並行して、小麦（煎ったのち、割砕機で粉砕する）、塩水（冷水に塩を混ぜ合わせて塩分濃度20％にする）を用意する。

② 製麹《せいきく》

蒸した大豆に砕いた小麦と種麹を室の中でまんべんなく混ぜ合わせ、3日間40℃以下の状態を保って発酵させ、麹にする。

③ もろみ作り

麹と塩水を混ぜ合わせてもろみを作る。

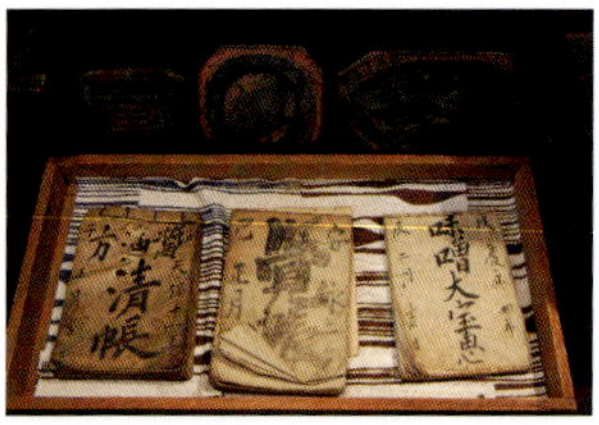
有田屋に7代にわたって伝えられる味噌作りに関する数少ない覚書。

醤油のできを左右するといわれるもろみ蔵。歳月を経た菌が宿る蔵の中は、仕切られた槽になっていて、この中に仕込んだもろみを入れて発酵・熟成させる。発酵の具合をみながら、空気をふきこんだり、攪拌する櫂入れをする。（工程③・④）

もろみを濾過布に包み、一枚ずつ平らにならしながら重ねて舟揚げする（写真上）。油圧でゆっくりと搾って生揚げと搾りカスに分ける（写真下）。同じもろみを3日間かけて3回搾り、生醤油の段階で塩分濃度17%、これを15.5%に調整して製品にする。（工程⑤）

写真右より、初年度に仕込んだアルコール発酵中のもろみ、熟成して1年を過ぎたもろみ、再仕込み用のもろみ。再仕込み醤油は塩水の代わりに丸大豆醤油の2年もろみを使用し、それに新たに麹を混ぜて1年発酵させる。

④ 発酵 熟成 櫂入れ

麹と塩水をなじませて発酵を促すために、発酵の状態に応じて空気を注入したり、攪拌する櫂入れ（かいいれ）を行なう。その間に、麹菌、酵母、乳酸菌などが働いて、大豆のタンパク質をアミノ酸に分解し、うま味に変える。最低でも、2夏を過ぎるまで熟成させる。

⑤ 舟揚げ（搾る）

もろみを濾過布に包み、それを200枚ほど重ね、圧搾機で時間をかけてゆっくりと搾る。この状態の醤油を生醤油もしくは生揚《きあ》げという。同じもろみを3日間かけて3回搾る。特に、1回目を一番搾りといい、香りの高い、すっきりとした味わいの醤油が取れる。

⑥ 火入れ

生揚げは酵素や麹菌が生きている状態なので、変質しやすい。それを止めるために、香りと風味を失わないように注意しながら、プレートヒーターで加熱殺菌する。

⑦ 滓《おり》引《び》き

貯蔵タンクの中で滓を沈殿し、濾過する。

⑧ 品質の調整

塩分濃度を基準に照らして調整する。

⑨ ビン詰め

ビンに詰め、ラベルを貼って製品化。

各種醤油と鮨の出会い

いろいろな醤油のバリエーションと
それに合う鮨やつまみの
組み合わせの例をうかがった。
鮨種に野菜を取り入れ、
あしらいにひと工夫することで、
仕事に幅が広がってくる。

や満祢
山根昭二

鯛

土佐醤油

だしの旨みを加えた
基本の造り醤油で、
生姜醤油や卵醤油、
納豆醤油のベースにも

海老

芥子醤油

菜種

生姜醤油

茄子

鮪

卵醤油

土佐醤油に
卵のこくととろみをつける

烏賊

納豆醤油

納豆の旨みに
隠し味のコノワタをプラス

松前漬

サバにべた塩をあて2〜2時間半おく。割り酢（酢8、水2）に15分間浸けて塩抜きしたのち、3時間昆布締めにする。

水でもどした昆布をきざみ、煎り酒に1時間浸ける。ボイルしたニンジンとダイコンの拍子木切りを塩でもむ。

きざんだ昆布、ニンジン、ダイコン、キュウリの拍子木切り、サバの昆布締めを軽く混ぜ合わせる。

鴨あぶり

諸味醤油

肉類に合う
こくとパンチのある醤油

木の芽醤油

木の芽の色と香りを生かした淡い色の醤油

細魚昆布締め

サヨリにうす塩をあてて15分間おき、割り酢（酢1、水10）で一度洗う。さらに生酢で洗い、1時間昆布締めする。

木の芽をはさんですし飯で握りとする。

梅醤油

さっぱりした野菜にも向く造り醤油

けん巻き

刺身に添えたけんを芯にして、手巻きずしに仕立てる。

鱧

ハモを骨切りし、立て塩で湯洗いする。土佐酢をかけて、脂を流す。すし飯で握りとし、天に梅肉、ワサビ、大葉ジソのせん切りをのせる。

蛸

タコを30〜40秒間ゆで、引き上げたらすぐに吸い地あたりの冷たいだしに浸けて冷ます。

ゆでたオクラと混ぜ盛りにし、ミョウガのせん切り、花穂ジソをあしらう。

湯葉

煎り酒

梅干しと酒から作る
歴史の古い調味料

穴子

詰醤油

香ばしい魚の中骨から煮出す
とろりとした煮つめ

栄螺

殻から身をはずし、軽く塩をふってぬめりをとる。水でさっと洗って造りにする。

肝醤油

素材の肝を溶かし込んだ
濃厚な醤油

鮑

水4、酒1を鍋に合わせ、よく洗ったアワビを殻ごと入れる。ダイコン、ニンジン、セロリを加え、火にかける。1時間したらセロリのみ引き上げて、さらに3時間炊く。

殻からアワビをはずして、もどし汁に塩、醤油で味をつける。もどし汁に浸した状態で2時間蒸し煮込みにする。

その他のつけ醤油

ぽん酢

白身魚によく使われる
つけ醤油のもう一つの定番

霙《みぞれ》醤油

みぞれに見立てた大根おろしが
脂のある素材を
さっぱりと食べさせる

各醤油の作り方

土佐醤油

濃口醤油8、淡口醤油2の割合で合わせ、ここに1割の量の酒とミリン少量を加える。昆布を入れて煮立てる。アクをすくい、火を止めて昆布を入れたまま冷めるのを待つ。60℃くらいになったところで醤油1升に対し、40gの削りカツオを加える。完全に冷めたら、こす。

生姜《しょうが》醤油

土佐醤油にショウガの絞り汁を落とす。

芥子《からし》醤油

卵醤油に練りカラシ（和芥子を溶いたもの）を溶き入れる。

卵醤油

土佐醤油を温度卵の黄身でのばす。

納豆醤油

納豆をざるに入れて水洗いする。包丁で粗叩きしたのち、すり鉢ですり、土佐醤油でのばす。一度裏ごしに通し、納豆の5%くらいの量のコノワタを加える。ボウルに移してラップ紙で密閉し、一昼夜ねかす。

諸味《もろみ》醤油

諸味ミソをすり鉢ですり、卵醤油でのばす。

木の芽醤油

煮きり酒2、淡口醤油1を合わせ、昆布（醤油1升に対し60g）を浸し、一度煮立てたのち、そのまま冷ます。米粉を少し溶き入れて火にかけ、煮立ててほんの少しとろみをつけたのち、冷ましておく。木の芽をすり鉢ですり合わせ、この合わせ醤油を注ぎ入れ、加減をみて仕上げる。

※ホウレンソウの青寄せ（ホウレンソウをすりつぶした汁をゆでて、すくいとった緑の色素）を少し加えてもよい。

梅醤油

赤の梅肉（シソの葉の入ったもの）と白の梅肉（シソの葉の入っていないもの）をほぼ同割ずつで合わせ、煮きり酒、煮きりミリンでのばす。味をみて淡口醤油を加えて仕上げる。

※または梅肉を煎り酒でのばしてもよい。

煎《い》り酒

酒4、淡口醤油1、ミリン1、梅干し大3～4個を合わせて少し煮つめ、カツオ節を入れてさらに、2～3割煮つめる。

詰《つめ》醤油

タイ、アナゴ、ハモなどの中骨を白焼きし、鍋に入れて酒を注いで煮きる。黄ザラを加え、ミリン、濃口醤油、たまり醤油を加えて味をととのえ、水溶き葛でとろみをつける。

肝《きも》醤油

アワビやサザエの肝をゆでて裏ごしし、土佐醤油でのばし、柑橘《かんきつ》の搾り汁で味をととのえる。アワビやサザエに添える場合、友醤油とも呼ぶ。

ぽん酢

ユズの絞り汁2、米酢1、淡口醤油2、濃口醤油1を合わせ、昆布、カツオ節を加えて4～5日間ねかす。

霙醤油

ダイコンおろしを裏ごしに入れ、水を上からかけて臭みをぬく。60℃くらいの湯で湯通しして、煮おろしを作る。寿司だねに合わせた醤油でのばす。辛味大根をみじん切りにして添えてもよい。

※おろしたてのダイコンおろしを使う場合、汁をきって、柑橘の搾り汁を加え、土佐醤油でのばしてもよい。

醤油の製法と種類

醤油は大豆、小麦、種麹《たねこうじ》、塩から作られる発酵調味料だ。塩味と旨みのバランスにすぐれており、味つけにはもちろんのこと、ごく少量でも香りを生かしたり、おいしそうな焼き色をつけるのにも使える。いわば万能調味料だ。

とはいえ、1種類の醤油があればすべて事足りるとは限らない。醤油は原料と割合などにより、JAS(日本農林規格)によって濃口醤油、淡口醤油、再仕込み醤油、たまり醤油、白醤油の5種類に分類される(カラー72頁参照)。それぞれの特徴について、見ていこう。

濃口醤油

関東を中心にして全国の醤油生産量の84%を占める、最も一般的な醤油。それだけに各メーカーがしのぎを削っており、さまざまな商品が販売されている。分類上は濃口醤油だが色は淡口醤油のように淡いもの、甘みを加えたものなどもある。

製造方法には、伝統的な本醸造方式のほかに、諸味にアミノ酸液を加えて作る混合醸造方式、醤油にアミノ酸液を加えて作る混合方式の3種の方法がある。

●本醸造方式（図1参照）

醤油の伝統的な製造方式。蒸した丸大豆(もしくは脱脂加工大豆)と煎った小麦をほぼ等量混ぜ合わせ、種麹を加えて「醤油麹」を仕込む。それを食塩水と一緒に木桶もしくはタンクに入れて仕込む。食塩水と混合したものを「諸味《もろみ》」といい、撹拌を繰り返しながら約6〜8カ月間ねかせる。その間に麹菌が生産した酵素や、酵母、乳酸菌などがはたらいて分解

ヤマサ醤油株式会社の濃口醤油製品例。左から基本の「ヤマサしょうゆ」、「ヤマサ特選しょうゆ」、超特選の「ヤマサさしみ醤油」、「重ね仕込しょうゆ本懐石」、「有機丸大豆の吟選しょうゆ」、「鮮度の一滴」。軽くてハンディなボトルや、空気の入らない構造など、容器も多様化している。

図1 本醸造方式による＜濃口醤油＞

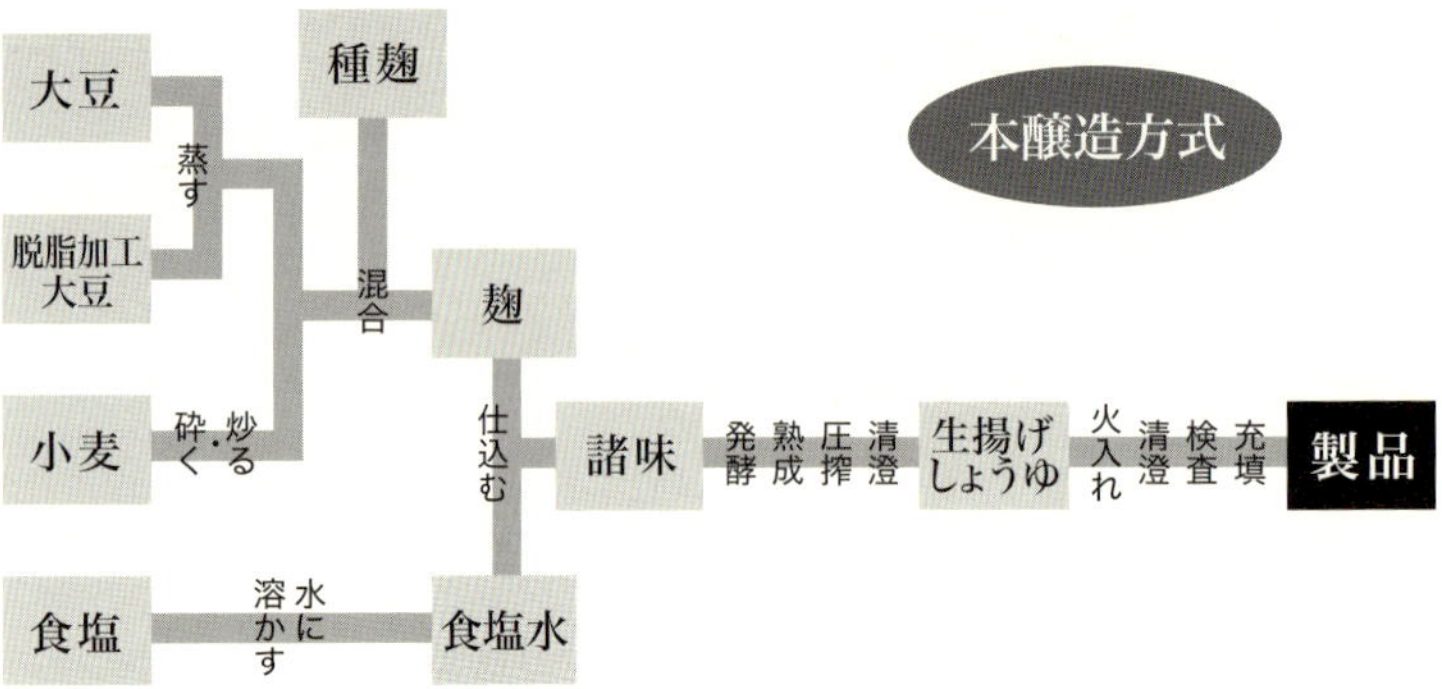

図2 混合方式による＜濃口醤油＞

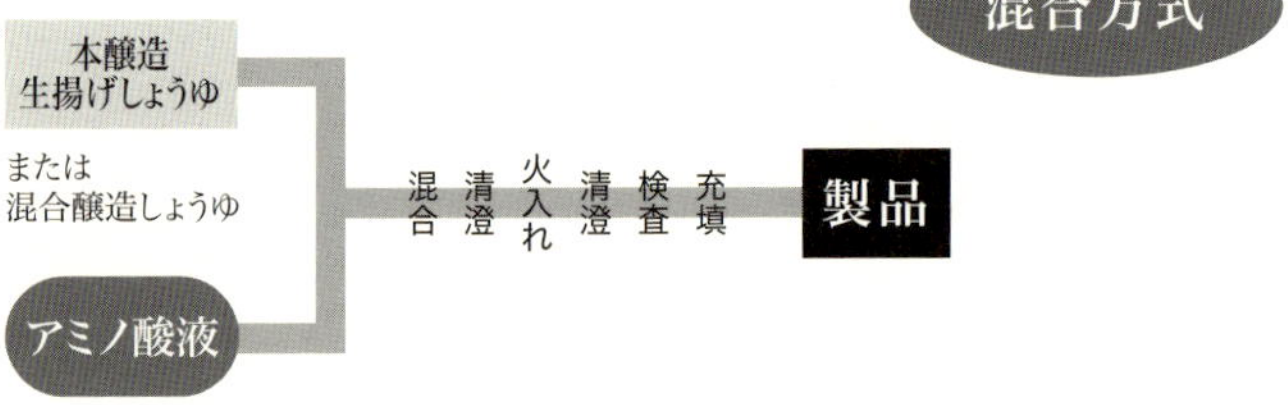

と発酵が進み、さらに熟成して特有の色・味・香りをもつ濃口醤油が生まれる。

なお、JAS法の「品質表示基準」では「天然」や「自然」という用語をラベルに使用することを原則禁止しているが、次の条件を満たす場合に限り表示を許可している。

1.「本醸造」の製法によって作られている。
2.酵素の添加など、「醸造の促進」を行なっていない。
3.「食品添加物」を使用していない。

つまり、醤油の原料である大豆、小麦、麹をはじめとする微生物のはたらきでのみ、醗酵・熟成させて醸造した本醸造醤油で、醸造を促進させる酵素や食品添加物を使用していないものにのみ「天然醸造」と表示できる。

●適温醸造

「諸味」の発酵・熟成に適した温度経過を自然に任せて醸造する場合、気温の低い季節に仕込むものが醤油としては風味のよい品質の高いものができる。

一方「適温醸造」は「諸味」の温度変化を人工的にコントロールし、どの季節に仕込んでも理想的な温度変化で醸造できる方式。

なお、仕込み期間を短縮するため、温度を高く保つ「温醸方式」は製造期間が短く、量産が可能なため、かつては安価な製品の製造方法として普及したが、現在はほとんど行なわれていない。

●混合醸造方式

「諸味」に脱脂加工大豆のタンパク質を分解して作ったアミノ酸液(または酵素分解調味液か発酵分解調味液)を加え、熟成させて作る。

※アミノ酸液は酸で、酵素分解調味液は大豆を酵素で分解したもの。発酵分解調味液と

は小麦グルテンを発酵、分解したものをいう。

●混合方式（図2参照）

「本醸造醤油（または混合醸造醤油）」に脱脂加工大豆のタンパク質を分解して作ったアミノ酸液（または酵素分解調味液か発酵分解調味液）を加えて作る。アミノ酸液特有の味がする。

淡口醤油（図3参照）

全生産量の約13％を占める色の淡い醤油。兵庫県の龍野で作られたのがはじまりといわれ、関西以西での生産が多い。現在は関西料理の普及に伴って淡口醤油の需要も広がり、全国各地で生産されている。調理する食材の持ち味を生かすために色や香りを抑えていて、うまみは濃口醤油よりも弱い。

基本的な製法は濃口醤油と同じだが、製造工程での工夫により、色を淡く仕上げている。塩分量が濃口醤油よりも約2％前後高く、塩気が強いので、味をまろやかにするために米を糖化させた甘酒を使う製造方法もある。醸造期間は濃口醤油よりも短い。

図3 甘酒を使用する方式の＜淡口醤油＞

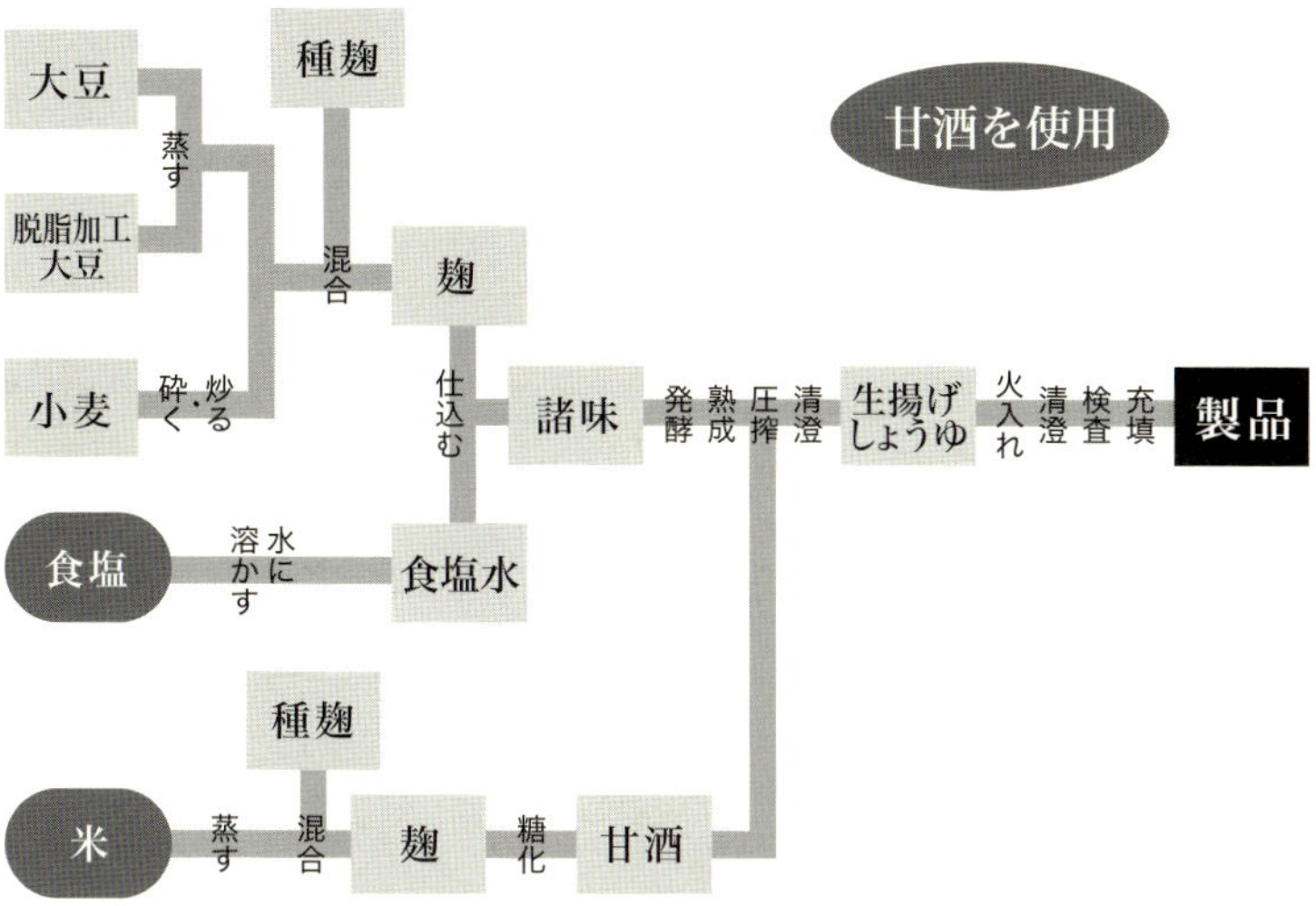

図4 塩水の代わりに醤油を使用する＜再仕込み醤油＞

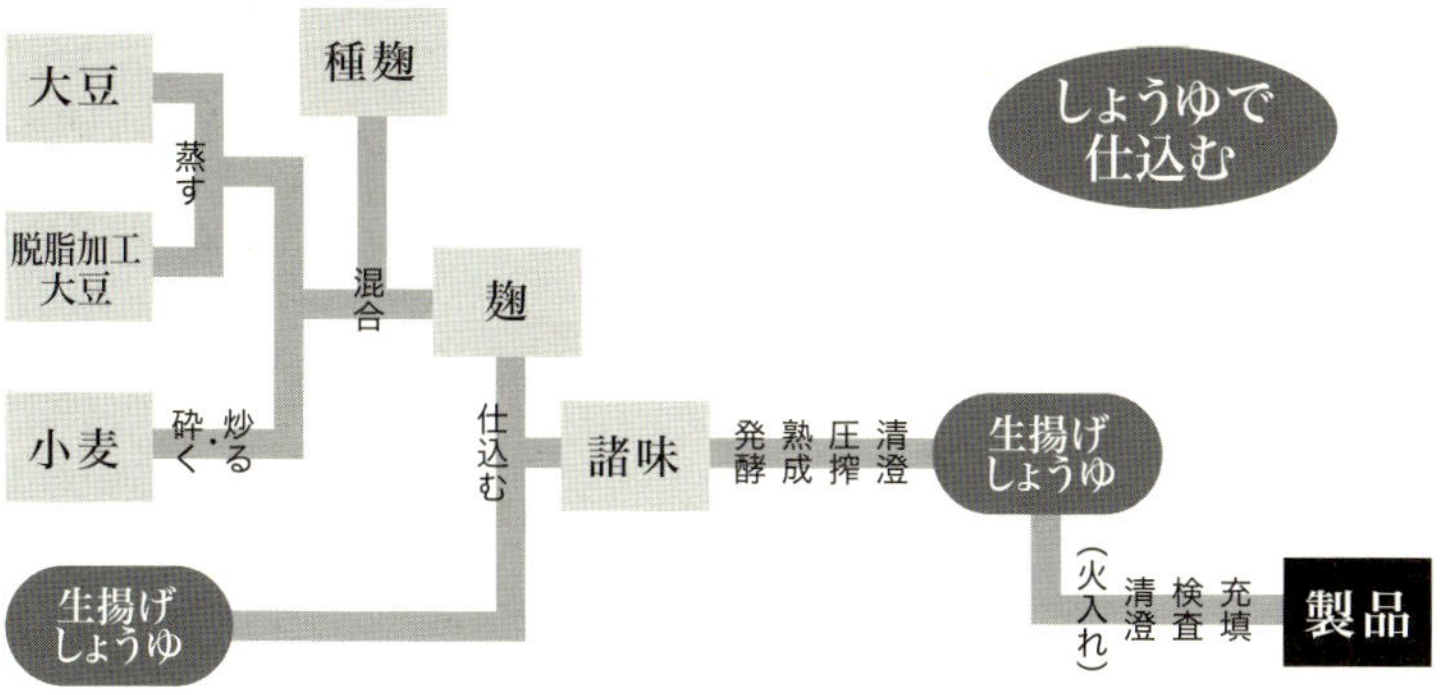

再仕込み醤油（図4参照）

山口県柳井地方を中心に山陰から九州地方にかけて生産される醤油。他の醤油は食塩水で仕込むが、この醤油は食塩水の代わりに生揚《きあ》げ醤油（火入れを行なう前の醤油）を用いて仕込むため、「再仕込み」と呼ぶ。色は濃いが、塩分濃度は濃口醤油よりも低い。うまみが強く、色、味、香りともに濃厚なため「甘露醤油」ともいい、また刺身などのつけ醤油として使われるため「刺身醤油」として市販されることも多い。一般に、価格は濃口醤油よりも高い。

白醤油（図5参照）

主原料は小麦と塩で、大豆はごく少ない。

愛知県碧南地方で生まれた醤油で、淡口醤油よりもさらに色が淡く、琥珀色で独特の香りがある。ナガイモやアナゴの白煮のような色を白く仕上げたいときに用いられる。うまみが弱く、塩分濃度が強い。

図5 小麦を主原料にする＜白醤油＞

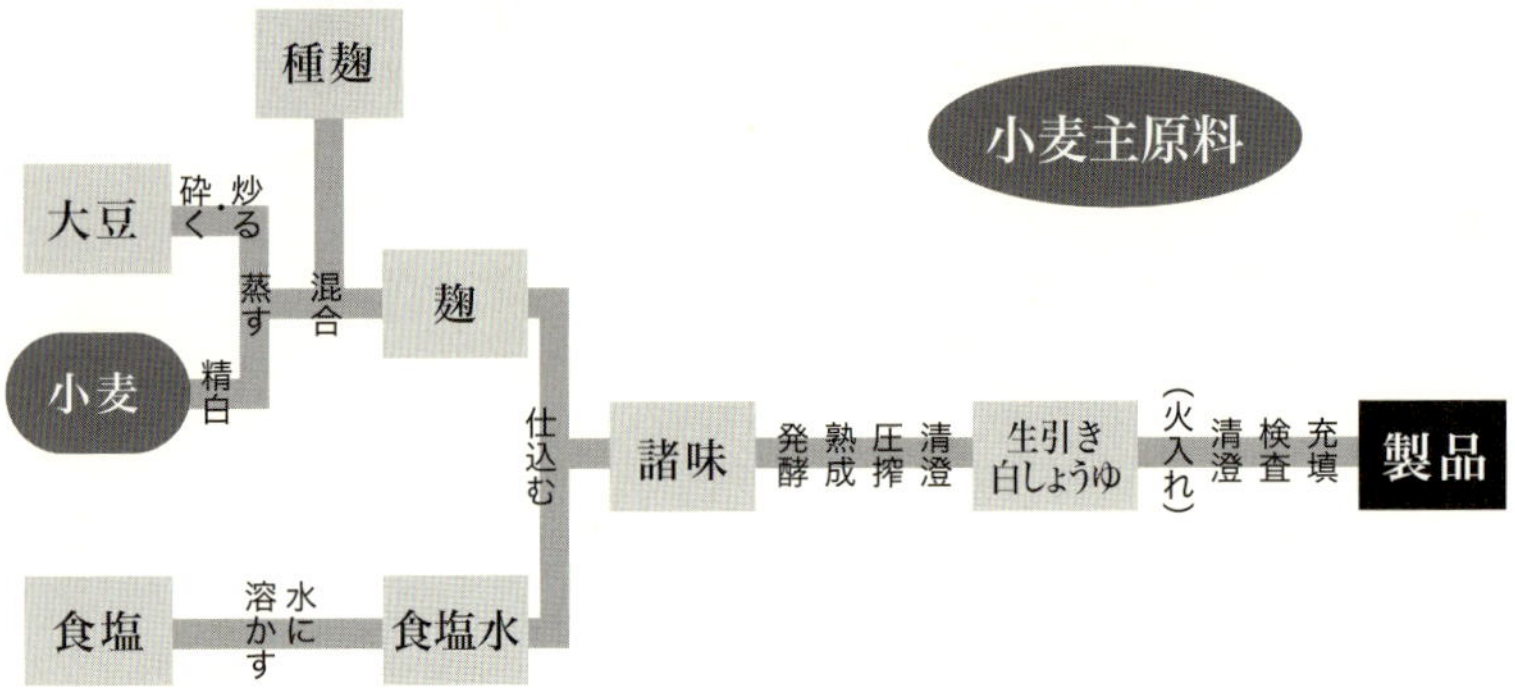

図6 大豆を主原料にする＜たまり醤油＞

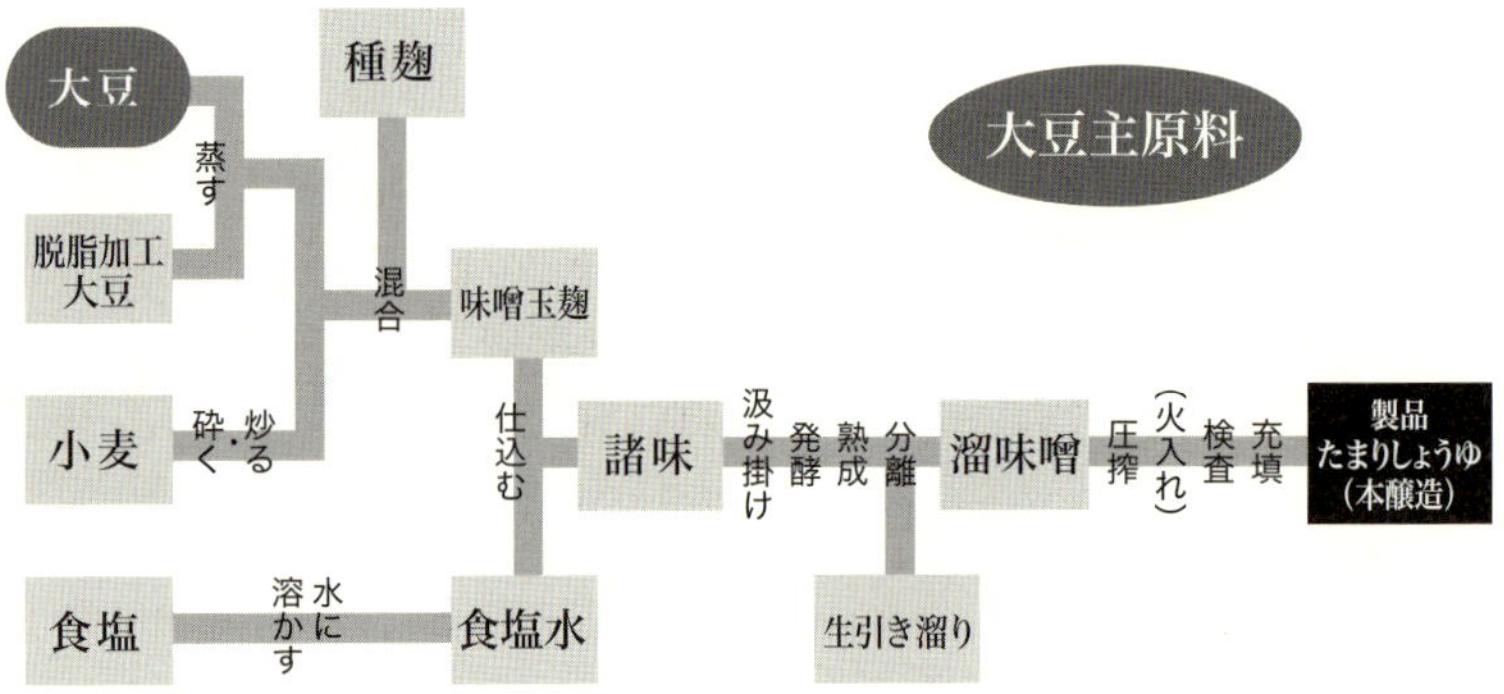

* 各醸造方法の図はしょうゆ情報センターHPより加工転載

たまり醤油 (図6参照)

主に中部地方で作られる醤油で、とろみと濃厚なうまみ、独特な香りが特徴。主原料は大豆で、小麦は使わないかごくわずか。塩分は濃口醤油とほぼ同じ。とろりとするくらいに濃度が強く、色もとても濃い。「刺身溜まり」と呼ばれるようにつけ醤油に、鼈甲色に仕上がるため、照り焼きなどの調理にも使われる。

原料を蒸して「味噌玉麹」を作り、食塩水を加えて仕込み、底にたまった液を汲みかけながらほぼ1年間発酵熟成させる。諸味から自然に分離されるものを「生引き溜まり」といい、後に残った溜味噌を搾ったものを「圧搾溜まり」という。

特級とは、減塩とは

製造法によって味の異なる醤油だが、品質は日本農林規格（JAS規格）により、規定されている。各メーカーでは自社の個々の醤油にブランド名をつけているが、ラベルに表示されたJASマークの表示をみれば、その醤油の等級がわかる。

大きくは特級、上級、標準の3つにランク付けされる。ただし、JASマークは取得するのに費用がかかり、任意であるため、マークを付けていないメーカーや製品もある。

醤油の質は、含まれる窒素分とエキス分の量がその尺度となる。うま味成分である窒素分が多いほどうまみが強い。また、エキス分というのは糖分、酸分、アミノ酸などを含む可溶性固形分から塩分を抜いた無塩可溶性固形分のことで、これもうまさの尺度になる。

ＪＡＳ規格では、特級の中でも、濃口醤油、溜まり醤油、再仕込み醤油についてはうま味成分である窒素分が、淡口醤油と白醤油についてはエキス分をより多く含む製品には「特選」と「超特選」の表示も許されている。特選は窒素分もしくはエキス分が特級に比較して10％以上多く含むもの、超特選は20％以上のものと定められている。

また生活習慣病の予防のために、家庭では塩分を減らした醤油に対する需要も高いが、こちらも表示基準があり、塩分が9％以下で健康増進法に従った栄養表示を行なった製品は「減塩」と表示できる。これは通常の濃口醤油と比べると塩分は半分以下で、醸造後に塩分を除くというひと手間が加わっている。

一方塩分を8割以下にまで減らした製品は同じく栄養表示基準を満たせば、「うす塩」「あさ塩」「あま塩」「低塩」といった表示が行なえる。

刺身醤油のバラエティ

現在、醤油メーカーは全国に１４００～１５００社を数え、各社によってその色、香り、味わい、うまみが異なる。料理店はどのように醤油を選んでいるだろうか。

多くの料理人が口を揃えていうのは、「修業先で使っていたもの」「製品にばらつきがないもの」。料理の味を決める大きなファクターであるため、修業時代から使い慣れた製品がもっとも使いやすく、安定したものが求められているというわけだ。しかしこれは裏を返せば保守的で、新製品にトライする機会が少ないともいえる。

まずは刺身用のつけ醤油について、見直してみるのはいかがだろうか。一般的な「土佐醤油」はカツオ節のうまみをプラスするが、さらに酒やミリンなどの甘みを加えるかは店それぞれ。刺身醤油は想像以上に店によって個性が分かれるジャンルであり（表参照）、用途が限定されているため、新機軸を打ち出しやすい分野だともいえる。

最近は刺身の魚にあわせて土佐醤油だけでなく、ぽん酢や煎りだしなども含めた複数のつけ醤油を用意する店も増えてきた。それに応じて、醤油のバリエーションに目を向ける流れも生まれつつある。いろいろなメーカーのいろいろな製品に触れてみて、新しい味の世界を切り開いてみてはいかがだろうか。

店で使用する刺身醤油

谷本佳美氏

<材料>
- 濃口醤油　1升
- 酒　4合
- ミリン　1合
- 昆布　20g
- 削りガツオ　100g

材料を鍋に入れて、さし昆布し、カツオ節を加えて、煮立てる。冷ましてからしばらくねかしたのち、こす。

高瀬圭弐氏

<材料>
- 濃口醤油　1升瓶10本
- 酒　1升瓶1本
- たまり醤油　1升瓶1本
- 血合い入り削りカツオ節　500g
- 昆布　100g

醤油と酒を鍋に入れて、火にかけて沸かす。追いガツオをし、昆布を加え、3日間ねかす。1週間に1度のペースで仕込む。

鈴木直登氏

- 濃口醤油(生醤油で使用)

マグロには弓削多醤油、白身魚にはかめびし屋、カツオなどくせのある魚には藤野醤油の濃口醤油を使用。

醤油に関する
調理用語集

ここでは料理店やそば店などで使われる醤油関連の調理用語を集めた。用語は地方によって、店の流派によって違いがあるため、この説明はあくまでも一般的なものと考えてほしい。

あまじる（甘汁）　江戸流のそば用語で、かけや種物のそばに用いる汁のこと。かけ汁ともいう。↓かけじる、からじる、そばつゆ

いっぺんじょうゆ（一遍醤油）　魚などを焼くとき、醤油だれを一回だけかけて焼き上げること。

いなかに（田舎煮）　野菜を濃い醤油味で煮汁がなくなるまで煮つめ、甘辛く、黒っぽく仕上げたもの。

いりざけ（煎り酒）　酒に梅干しの風味を移したもの。さらに醤油やだし、ミリンなどで味をととのえたものは、白身魚などあっさりした刺身のつけ醤油替わりに用いられる。

いりだし（煎りだし）　だしに淡口醤油とミリンを加え、追いガツオをしてとった合わせだし。天だしよりやや薄めだが、塩分はやや強い。

うすくちはっぽう（淡口八方）　淡口醤油で作った八方だし。材料の色を生かしたい場合におもに用いる。↓こいくちはっぽう、はっぽう、はっぽうだし

うまだし（旨だし・美味だし）　カツオだしに醤油、ミリンなどで調味した、そばのかけ汁程度の濃さの合わせだし。

うまに（旨煮）　サトイモ、タケノコ、ゴボウ、ニンジンなどの野菜を醤油、ミリン、砂糖などで比較的濃い味に煮上げたもので、照りがある。↓にしめ

かえし（返し）　濃口醤油をメインに調味したそばつゆのもと。これをだしでのばしてもり汁やかけ汁とする。↓ごぜんがえし、なまがえし、ほんがえし

かけじる（かけ汁）　そば用語で、かけそば用の汁のこと。かえしをだしで割って作る場合と、辛汁をだしで割って作る場合とがある。↓あまじる、からじる

かげんじょうゆ（加減醤油）　ミリンやだしを加えて味を調整した醤油。

からじる（辛汁）　そば用語で、もりそば用のもり汁やざるそば用のざる汁のこと。↓あまじる、かけじる、そばじる

からに（辛煮）　小魚や野菜を醤油だけ、あるいはそれにミリン、砂糖、酒などを少量加えただけで煮る方法。弱火で、煮汁がなくなるまで煮つめる。佃煮と似ているが、中あげ（途中で材料を取り出し、煮汁を煮つめること）をしない。↓つくだに

きじょうゆ（生醤油）　だしや水、ほかの調味料を加えていないストレートの醤油のこと。

きゃらに（伽羅煮）　フキや山ゴボウなどを醤油味を主体に濃い味に煮上げたもの。たまり醤油なども使って色濃く仕上げ、焼きものの前盛りなどに使う。黒っぽい色を、お香の伽羅木にたとえたという。

こいくちはっぽう（濃口八方）　濃口醤油で作った八方だし。↓うすくちはっぽう、はっぽうだし

ごぜんがえし（御膳返し）　普通のかえしに、ミリンを同量混ぜたもの。ざるそばのざる汁は、本来は辛汁にこの御膳返しを少量加えて作るもので、もり汁とは異なる。↓ざるじる、もりじる

ざるじる（笊汁）　ざるそば用の汁。本来は御膳がえしを使って作るもり汁よりも上等な汁のこと。↓ごぜんがえし、もりじる

さんばいず（三杯酢）　酢に醤油、ミリンを同割で加えたもの。甘さを抑えて砂糖で作ることも多い。↓二杯酢

しぐれ（時雨）　貝類や魚などにショウガをきざんで加え、強めの味つけに炊いた煮ものにつけられる言葉。醤油の黒っぽい色を、時雨が降る時の暗い様子にたとえたという。

しょうゆあらい（醤油洗い）　醤油に素材をまんべんなく浸ける下処理法。料理が水っぽくなく仕上がる。味をなじませ、生臭みを抑える効果もある。

しるつぎ（汁次）　そばのもり汁やざる汁を入れる塗りの容器で、丸と角の2種類がある。

しるどっくり（汁徳利）　そばのもり汁やざる汁を入れる徳利型の器。

しろはっぽう（白八方）　八方だしの一種。白醤油を使って、材料に色をつけずに白く仕上げたい場合に用いる合わせだし。

しろに（白煮）↓はくに

すいかげん（吸い加減）　醤油が濃くなく、全部吸いきれるくらいの味加減の汁のこと。

すいじ（吸い地）　椀物の汁のこと。一般的に一番だしに、淡口醤油、塩などを加えて作る澄まし汁のことをいう。

そばちょこ（蕎麦猪口）　そばの汁入れに使う中型の猪口。高さがあり、口がやや開いており、高台がない。

そばつゆ（蕎麦露）　そばの汁のこと。関東ではもり用の辛汁、かけ用の辛汁の両方ともそばつゆと呼ばれる。

そめおろし（染めおろし）　大根おろしに醤油を混ぜたもの。

だしはっぽう（だし八方）　煮もの用の、一番だしの2～3倍の濃さのだし。いろいろな煮ものに使えるだしということで、だし八方という。合わせだしである八方だしとは異なる。

たつたあげ（竜田揚げ・立田揚げ）　材料を醤油に浸けてから片栗粉を付けて揚げたときの料理名。色が赤くなるので紅葉になぞらえ、紅葉の名所、奈良県竜田川（古い表記では立田川）の名がついている。

たまり煮（溜まり煮） たまり醤油を使って甘辛く煮た煮物。

ちり酢（ちり酢） もともとは魚のちり鍋に添えるつけ酢のこと。作り方はぽん酢醤油とほぼ同じだが、ちり酢の場合は醤油をひかえめにして蒸し物や焼き物用として作り分ける店も多い。

つくだに（佃煮） アサリや小魚、昆布などの魚介や海草類、フキやゴボウなどの野菜類を醤油、酒、砂糖、ミリンで甘く煮上げたもの。材料にある程度味がしみ込んだら取り出し、煮汁を煮つめ、材料を戻して煮る。これをくり返して徐々に煮つめ、煮汁がなくなるまで煮て日持ちをよくする。→からに

づけ（漬け） マグロの赤身などを醤油漬けにしたもの。

つけじょうゆ（つけ醤油） 料理に添える醤油のこと。一般には、刺身につける醤油のこと。カツオ節の旨みをきかせた土佐醤油のほか、だしや煮きり酒などで割った割り醤油、また、梅肉、酢、柑橘類の搾り汁などを加えたもの（煎り酒やポン酢など）もよく用いられる。

つけやき（つけ焼き） 材料をたれ（酒、醤油、ミリンなどを合わせたもの）に浸けておいてから焼く、あるいは材料にたれをぬりながら焼く焼き方。たれをやや濃厚な味つけにすれば、照り焼きになる。→てりやき

つめ（詰め） 醤油、ミリンに魚の骨などを加えて煮つめたたれ。

てりじょうゆ（照り醤油） 醤油に酒や砂糖などを加えて煮つめたもので、照り焼きにする時など、材料に照りを出すためにぬる。

てりやき（照り焼き） 魚介類や肉、野菜などをつやよく焼き上げたもの。つけ焼きよりもやや濃厚な味つけ。照り醤油をかけたり、ぬったりしながら焼き、照りを出す。→つけやき

てんだし（天だし） 天ぷらに添えるつけ醤油。醤油をだし、ミリン、酒などで割って作る。天つゆともいう。

てんつゆ（天露）→てんだし

とさじょうゆ（土佐醤油） カツオ節の風味をつけた醤油。一般に醤油にミリン、酒を加えてひと煮立ちさせ、追いガツオをして、布ごししたもの。

どんつゆ（丼露） 天丼にかける汁のこと。醤油、だし、ミリン、砂糖などで作り、天つゆよりも甘辛い。天ぷら専門店では丼の天ぷらは丼つゆにくぐらせるうえに、毎日継ぎ足し、継ぎ足しして作るため、作りたてでは得られないコクがある。

なまがえし（生返し） そば用語で、砂糖に水を加えて煮溶かしてから醤油を合わせ、火を入れないで作ったかえし。→かえし、ほんがえし

にきりじょうゆ（煮切り醤油） すし店の用語で、濃口醤油にミリンや酒を加えて加熱した醤油。

にしめ（煮〆） 醤油、ミリンなどを使い、やや濃いめの味つけで、材料が煮汁の色に染まるように煮ること。旨煮と似ているが、煮つめて仕上げるため、汁気が出ず、日持ちするので弁当や折詰め用によく用いられる。→うまに

にはいず（二杯酢） 酢に醤油をほぼ同割で加えたもの。→さんばいず

のぞき（覗き） 刺身に添えるつけ醤油を入れる小皿。のぞき猪口、酢猪口ともよぶ。

はくに（白煮） ウド、ヤマノイモ、イカ、シラウオ、アナゴなど、素材自体が白いものを、特にその白さを生かして煮る方法。醤油色にならないように、淡口醤油をごく少量抑えて使うか、白醤油を使う。「しろに」とも呼ぶ。

はっぽうじ（八方地） だしに、ミリン、醤油、酒、塩などを加えた調味液。調味料の構成は八方だしと同じだが、基本的には浸け地として用いる。

はっぽうだし（八方だし） 薄めの味に煮炊きする時に用いる、だしの分量が多い合わせだし。“四方八方に使える”ということから、この名がある。濃口醤油が多ければ濃口八方、酒が多ければ酒八方、甘みが通常より強めであれば甘八方と呼ぶ。→うすくちはっぽう、こいくちはっぽう、はっぽうじ

ふくめに（含め煮） 炊合せに使われる野菜の調理法。あらかじめゆがいたのち、たっぷりの八方だしの中で煮含ませる。火からおろし、青色のものは色が悪くならないよう、煮汁と素材を分けて冷ましたのち、再び合わせて浸け込む。提供直前に再度加熱し、味をととのえる。含ませ煮、含ませ、煮含めともいう。

べっこう（鼈甲） 醤油で味をつけた鼈甲のような色艶の料理。べっこう煮、べっこう漬け、べっこう焼き、べっこう餡など。

ほんがえし（本返し） そば用語で、醤油に砂糖を加えて味を加減して作るそばつゆ用のかえし。→かえし、なまがえし

ぽんずじょうゆ（ポン酢醤油） 柑橘類の搾り汁に醤油を合わせたつけ醤油のことで、カツオ節や酒などで調味する場合もある。醤油を略してぽん酢ともいう。→ちり酢

もりじる（盛り汁） そば用語で、もりそば用の汁のこと。→からじる、ざるじる

むらさき（紫） すし店の用語で、醤油の隠語。

ゆうあん（幽庵・柚庵） 醤油、酒、ミリンをそれぞれ同割で合わせた魚の浸け地のこと。輪切りにしたユズを加えることも多い。この幽（柚）庵地に浸けてから焼いた焼きものを幽（柚）庵焼きという。その名の由来は江戸時代の中期、近江（滋賀県）の堅田に住んでいた北村祐庵という茶人が、魚を醤油とミリンに浸けて焼くことを考案したからといわれる。

わりじょうゆ（割醤油） 一般には、醤油をだしで薄めた「だし割り醤油」のことを指す。柑橘類の搾り汁や煮きり酒などで醤油を割ったものを指すこともある。

料・理・解・説

カラーページの料理の作り方を簡単にまとめました。献立中の料理やあしらいが写真のどれにあたるかひと目でわかるように丸文字で示しています。

一種盛り

谷本佳美・三階文法
●祇園たに本

鯛そぎ造り

24頁参照

タイのウロコをばら引きして三枚におろす。背と腹に節取りする。皮を引き、皮目を下に、尾のほうを左にして置き、左から包丁を少し右にねかせてそぎ切りにする。皮目が上になるように二つ折りにして重ね盛りにする。

紋甲烏賊《もんごういか》の橋造り①

はじかみ②

24頁参照

モンゴウイカを水洗いしたのち、身の薄皮をはぎ、幅5cmほどにさく取りする。表を上に、身の薄いほうを右にして置き、左から包丁を右に少し傾け、2mm幅に切り目を入れ、食べやすい大きさで切り離す。切り目が開くようにアーチ形に盛る。

ハジカミ（酢取りショウガ）を添える。

赤貝鹿《か》の子《こ》造り①

法蓮草《ほうれんそう》② 山葵《わさび》③

25頁参照

アカ貝の殻から身を取り出して、ひもをはずす。身を縦に二つに切り、包丁をねかせてワタをそぎ切る。身の内側を上にして、巻いた布巾の上に置き、縦横に浅く切り目を入れる（鹿の子の背中のぶちのような格子模様になるので、鹿の子と呼ぶ）。まな板の上に叩きつけて活からせてから盛り付ける。

ゆがいたホウレンソウを添える。

蛸《たこ》の湯洗い①

菜の花② 岩塩③

25頁参照

マダコの足に粗塩《あら》をふり、指の間でしごくようにしてぬめりをしっかりと取る。たっぷりの熱湯で1分湯がき、皮のみ火を通し、内側は生の状態にする。岡上げして冷ます。食べやすい大きさの輪切りにする。

菜ノ花を色よくゆがいて添える。岩塩ですすめる。

白子筍《しらこたけのこ》の刺身①

蕨《わらび》② 木の芽③

26頁参照

タケノコを皮付きのまま、鷹《たか》の爪《つめ》を入れた米の研ぎ汁で白くゆで、ゆで汁に浸けたまま冷ます。皮をむき、厚さ1cmほどの輪切りにする。面取りをして二つに切る。

ワラビを掃除して灰アクをまぶし、器に入れる。熱湯を注いでそのまま冷まし、アクを抜く。

細魚《さより》昆布締め ①

26頁参照

一寸豆《いっすんまめ》②

サヨリを三枚におろし、3％濃度の塩水に20分ほど浸ける。水分を拭き取り、身を下にして昆布の上に置き、3時間締める。皮を引き、4つに切り揃え、側線を分けるように深く切り目を入れ、二つ折りにし、盛り付ける。

一寸豆（ソラ豆）の蜜煮と生姜《しょうが》酢を添える。

伊勢海老の洗い ①

27頁参照

長芋② 防風《ぼうふう》③

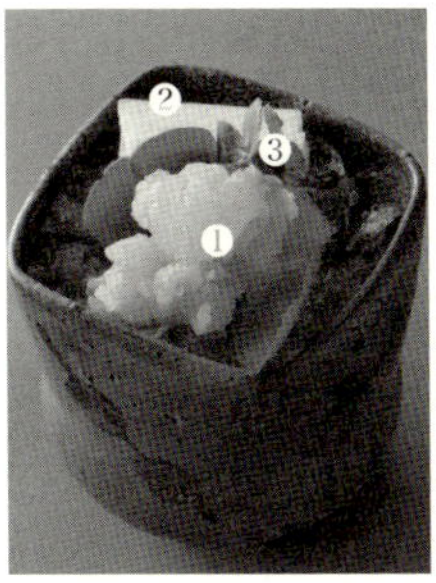

伊勢エビの頭と腹部の間に出刃包丁の切っ先を突き入れ、殻に沿って薄膜を切り進めて切り離す。腹部を裏返し、殻と腹皮の境目に沿って切り目を入れ、腹皮をはがし、身を取り出す。

身を食べやすい大きさに小口から切り、ザルに入れ、氷水の中で振り洗いをする。表面が少し白っぽくなったら、取り出して水気を拭き取り、ゆでて色だしした伊勢エビの尾に盛り付ける。

拍子木《ひょうしぎ》に切った長イモを添える。

甘鯛昆布締め

27頁参照

アマダイを節に取り、皮をはいで細造りにする。それを酒で拭いた昆布の上に1本ずつ置いて昆布で挟み、3時間ほどねかす。ねかす間に、5～6回位置を置き換えて水分を抜き、昆布の香りを移す。きれいな血合いのところが見えるようにして杉盛りにする。

煎り酒ですすめる。

鮃《ひらめ》薄造り

27頁参照

ヒラメを五枚おろしにして、さく取りする。皮を引き、へぎ切りにする。片褄《つま》折り（広げた身の一方の端を内側に折ること。両方の端を内側に折ることは両褄折りという）にして円形に盛り、食べやすい大きさに切ったエンガワを中央に置く。

みる貝桜花造り ①

28頁参照

独活《うど》② 葉山椒《はざんしょう》③

ミルガイの身の水管《すいかん》を切りはずし、皮をむく。固い先端を切り落とし、縦置きにして中央を切り込み、二つに分ける。塩をふって軽くもみ、流水でよく洗う。形をあまり揃えずに、食べやすい大きさに斜め切りにする。

細く切った身の先端を食紅で淡く染め、桜の花びらに見立てる。丸く面取りして芯をくりぬき、斜め切りしたウドと合わせ盛る。

土佐酢を流す。

鰤《ぶり》焼き霜造り ①

28頁参照

錦木《にしきぎ》
洗い葱《ねぎ》② 壬生菜《みぶな》③
酢取り蕪《すどりかぶ》④ 鷹の爪⑤

さく取りしたブリの腹身を少し厚めに切る。熱湯に浸けて表面が白くなったら取り出して氷水で冷やす。水気を拭き取り、4種の錦木とともに一列に盛る。

錦木とは海苔やカツオ節などを一列に並べてこんもりと盛り、ニシキギの枝に見立てた京都のそうざいのこと。それと同じように、

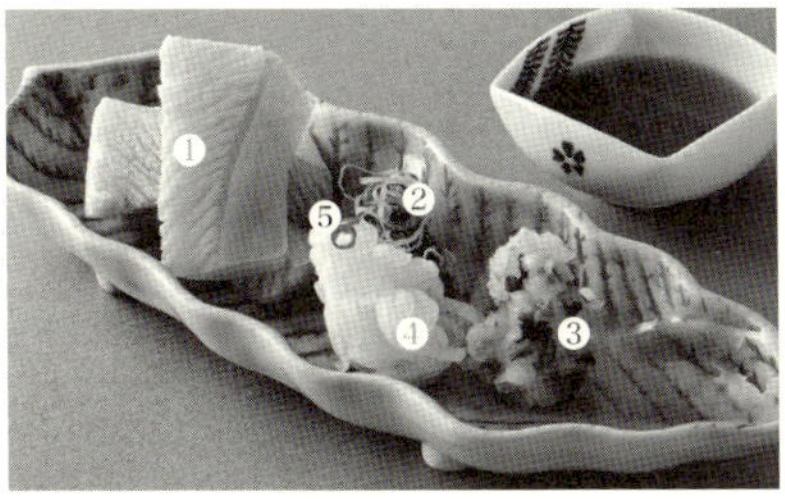

薬味の洗いネギ、きざんだ壬生菜の漬物、酢取ったカブを細切りにしたものを盛る。

雲丹《うに》①と雲子《くもこ》の葛《くず》寄せ②　29頁参照

マダラの白子を塩を加えた水で洗い、裏ごしする。昆布だしとあらかじめ水で溶いた葛粉を加え、弱火で練って火を入れる。濃度を調節し、こして流し缶に流す。常温に冷めたら冷蔵庫に入れて冷やし固める。器に合わせて切り出し、生ウニを天盛りにする。

鱧《はも》の落とし①　29頁参照

大葉②

上身にしたハモを骨切りし、幅7～8㎝に切り出して、振りザルに並べる。湯を一度沸騰させたら少し火を弱め、落ち着いたところで振りザルごと湯の中に浸ける。切り目がふっくらと開いてきたら取り出して氷水で冷やし、水気をよくきる。雪状に細かく砕いた氷を入れて大葉を敷いたガラス器に盛る。

高瀬圭弐

●宝塚ホテル

小鯛薄造り①　30頁参照

酸橘《すだち》②　色紙縒《よ》り人参③　大根④
花穂紫蘇《はなほじそ》⑤

小ダイの片身をはずし、そぎ切りにする。お頭つきの小ダイの上に輪切りのスダチと交互に盛りつける。

ニンジンとダイコンのやや厚めの桂むきを色紙に切って、筒抜きに巻きつけて、よりニンジン、よりダイコンにする。タイの上に盛りつけて花穂ジソをのせる。

レモン釜①
蛸《たこ》湯引き②　31頁参照

蓮芋《はすいも》③　山葵《わさび》④

マダコの足を掃除して、皮をむく。身に切り目を入れていき、3つめで切り落とす。さっと湯びきして氷水に落とす。皮はゆでて、吸盤を切りはずす。

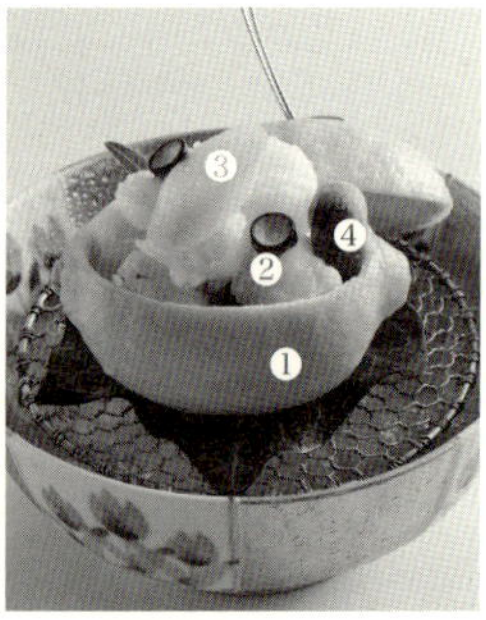

レモンを半分に切って中身を取り出し、皮を器とする。タコを盛り、吸盤とハスイモの薄切りを飾る。

手毬《てまり》器
鮪《まぐろ》　市松造り①　31頁参照

縒り野菜②　大根　南瓜《かぼちゃ》　人参
大葉③　山葵④

マグロをさく取りし、棒状に切り出す。ノリを巻いて輪切りにし、市松模様になるように盛り付ける。

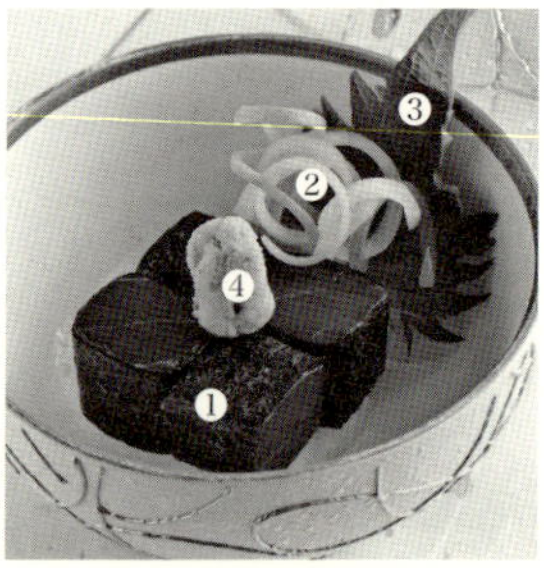

鮑《あわび》　波造り①　32頁参照

諸胡瓜②　縒り南瓜③　茗荷《みょうが》④
大根⑤　山葵⑥

アワビを塩磨きして殻から身をはずす。エンガワと肝を切りはずす。身を波切りにする。肝はゆでて、切り分ける。

ダイコンの桂むきを折り曲げて

何枚か重ね、波の形を表現する。船に見立てたミョウガを1枚のせる。よりカボチャを添える。

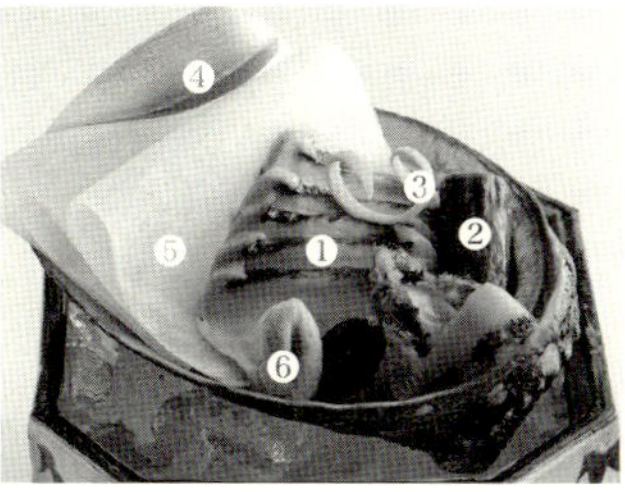

梅花かぶら①
烏賊《いか》俵《たわら》造り②
いくら③　縒り人参④　山葵⑤
32頁参照

モンゴウイカを水洗いし、薄皮をはぎ、鹿の子に包丁目を入れる。
カブと赤カブを薄く切り、水に浸ける。軽く反って花びららしい形になったら引き上げて梅の花の形に組み合わせる。イカを盛り、イクラ、よりニンジンを添える。

昆布籠《かご》盛り①
甘鯛焼き霜造り②
公孫樹南瓜《いちょう》③　酸橘④　山葵⑤
33頁参照

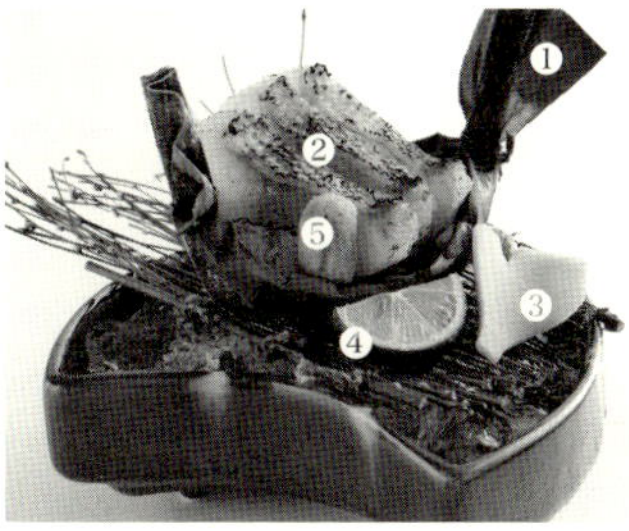

だしを引いたあとの昆布で丸めたアルミ箔を包み、両端を縛る。天火であぶってパリッとさせる。
アマダイに塩をふって、串打ちをする。皮側をあぶって焼き霜にする。氷水に落とさずに、レアの状態で切り分ける。
カボチャの薄切りをイチョウの葉の形に抜く。
煎り酒（酒1升、淡口醤油2合、ミリン2合、きつね色になるまで煎ってガーゼで包んだ煎り米130g、梅干し15個を鍋に入れ、火にかける。2割ほど煮詰まったら、追いガツオをして火を止める。裏ごしを通す）ですすめる。

鈴木直登
●東京會舘

鰈《かれい》薄作り①
鴨頭葱《こうとうねぎ》②　紅葉卸し《もみじおろし》③
34頁参照

カレイを五枚おろしにして上身にする。皮を外引きにする。皮目を下、尾に近いほうを左にして置き、包丁を右にねかせて刃元から切っ先近くまで刃先全体を使い、身の繊維に沿って薄くそぎ切りにする。皮目を上にして円形に盛る。食べやすい大きさに切って丸めたエンガワを置き、鴨頭ネギと紅葉おろしを添える。

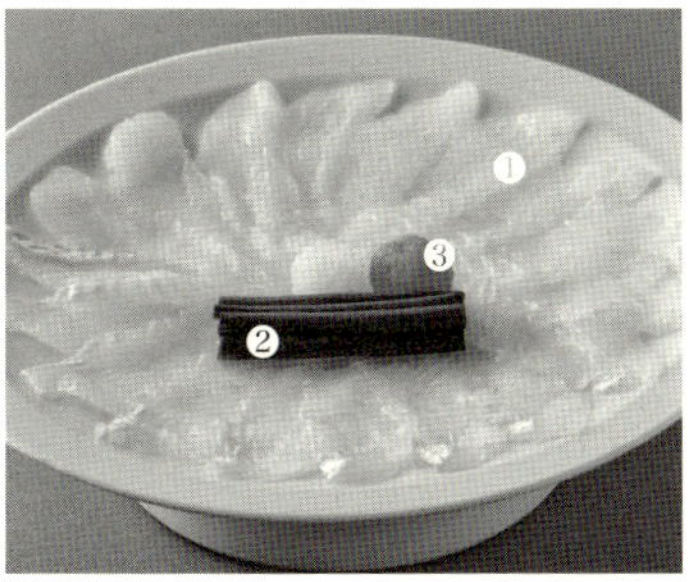

鯛松皮作り①
松葉独活《うど》②　青芽③　生海苔《のり》④　山葵⑤
34頁参照

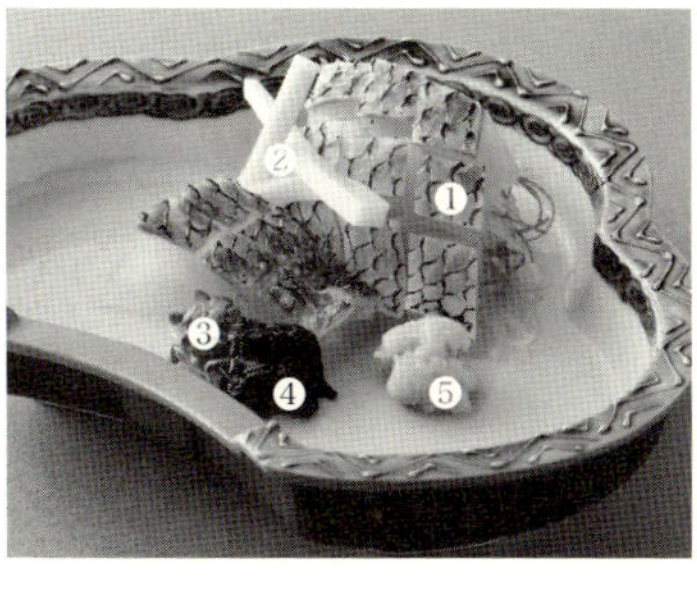

タイのウロコをばら引きにして三枚におろし、腹骨や小骨を取り除き、周囲をきれいに切り揃える。皮を上にして抜き板の上におき、布巾をかぶせ、頭のほうを持ち上げて斜めにしておく。①頭から尾に向けて全体に、②身の固い尾の近く、③尾のほうを持ち上げて斜めにして身の厚い頭に近い部分に、と、計3回に分けて熱湯をかける。すぐに冷水に浸けて冷やして湯引く。皮目に縦に二本の切り目を入れる。皮を上に、尾に近いほうを

左にして置き、肩口から平作りにする。

松葉に切ったウド、青芽ジソ、生ノリを添える。

鮃《ひらめ》 糸作り①
芽萱草《かんぞう》② 岩茸③ 山葵《わさび》④

35頁参照

ヒラメを五枚におろして上身にする。皮を外引きにして皮をはがす。上身の周囲をきれいに切り揃える。皮目を下、尾に近いほうを左にして置き、右手の小口から1cm弱の幅に切る。通常の糸作りよりも太く切ることにより、ヒラメの食感を生かす。

色よくゆがいたカンゾウの芽と、もどして、薄い昆布だしで煮含めたイワタケを添える。

鮪《まぐろ》 長手《ながて》作り①
大葉② 大根③ 山葵④

35頁参照

通常よりも幅広にさく取りをしたマグロの作り。マグロは揃えた指4本分の幅（約7cm）にさく取りをする。さくをまな板と平行になるように真横に置き、右手の小口から平作りにする。切った身に、厚みの半分ほどの深さに切り込みを入れる。

刺身の上にワサビをのせて二つ折りにし、醤油をつけるようにして食べてもらう。

二種盛り

谷本佳美・三階文法

●祇園たに本

唐草《からくさ》赤貝①と
鹿《か》の子紋甲烏賊《こもんこういか》②

36頁参照

水洗いをしたアカ貝の身を縦に二つに切り、ワタをそぎ取る。内側を上に向けて置き、縦に2㎜幅に切り目を入れる。90度向きを変えて切り目に直角になるように7〜8㎜幅に切る。

モンゴウイカの水洗いをした身を6〜7cm幅のさくに切り出す。表を上に向けてまな板と平行に置き、45度の角度を保って左手から1㎜幅に身の厚みの2/3まで切り目を入れる。次に切り目に対して直角になるように右手から同じ幅で切り目を入れたのち、食べやすい大きさにさくに対して直角に切り離す。

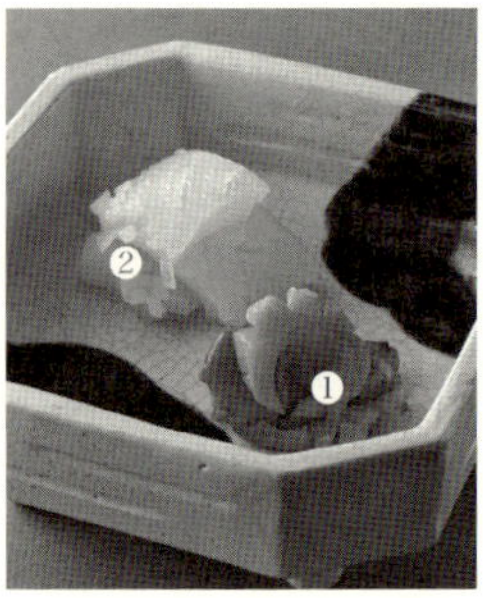

縞鯵《しまあじ》①と
車海老②
人参③ 大根④

37頁参照

シマアジを三枚におろし、節取りする。銀皮を残して皮を引き、皮目を上に、尾に近いほうを左に向けて置き、肩口から幅1・5cmほどに少し厚みをもたせて平造りにする。皮目を下にして盛る。

活けの車エビの背ワタを抜き、串打ちをして熱湯に浸ける。殻の色が変わったら、すぐに取り出して氷水で冷やし、表面のみ白く火

が通り、中は生の状態にする。殻をむき、二つに切って重ねる。

花びらおこぜ①と
とり貝②
山葵③

38頁参照

オコゼを三枚におろす。上身を皮目を下に、尾に近いほうを左に置き、包丁を右にねかせて左から7～8㎝の長さに厚みをもたせてへぎ切りにする。花の形の飾り盛りにする。

トリ貝は縦に二つに切り、折って重ね盛る。

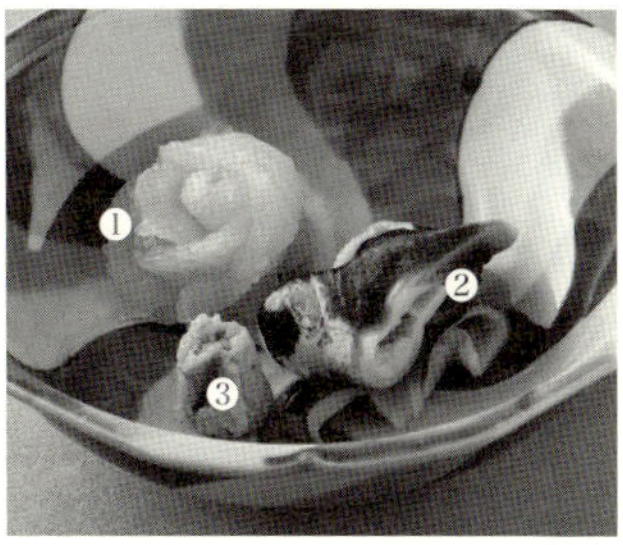

鯛の松皮造り①と
針烏賊②

38頁参照

タイのウロコをバラ引きにして上身にする。皮目を上にして抜き板の上にのせ、布巾をかぶせて熱湯をかけ、氷水にとって冷やす。水気を拭き取り、平造りにする。タイの皮を松の木の肌に見立てて松皮造りという。

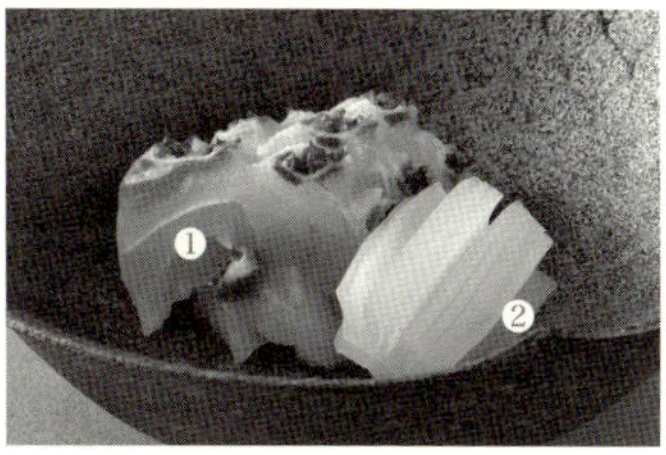

ハリイカの上身を幅5㎝ほどのさくに取る。まな板と平行になるように置き、右手から幅1㎜ほどに身の2/3の深さに切り目を入れる。長さ5～6㎝に切り分け、切り目が外に開くようにアーチ形に盛る。

横輪《よこわ》叩き造り①
目板鰈《めいたがれい》の漬《づ》け②
骨せんべい③ 九条葱《くじょうねぎ》④

39頁参照

ヨコワ（マグロの幼魚）の背身を、皮付きのまま切り整えて長方形のさくに取る。串を打ち、軽く振り塩をして表面全体を強火で焼く。皮目を上にして平造りにし、その上に刃叩きして水にさらした九条ネギをたっぷりとのせる。

メイタガレイの上身を幅3㎝ほどに切りそろえる。醤油、ミリン、酒、だしで作った地に1時間ほど浸ける。骨は2時間ほど風干しし、低温の油でじっくりと素揚げにする。

高瀬圭弐
●宝塚ホテル

輪冬瓜《とうがん》①
伊勢海老洗い②
油目《あぶらめ》焼き霜③
金魚草④

40頁参照

伊勢エビの身を殻からはずし、酒と氷水で洗う。勢いよく水道の水をあて、白く色が変わったら引き上げ、水気をきる。

伊勢エビの尾とひげをゆでて色出しする。

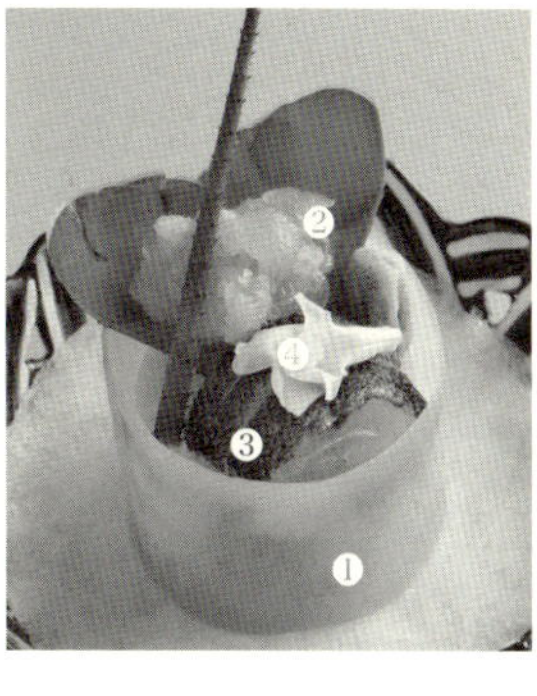

アブラメ（アイナメ）を三枚におろす。皮目を上にしてバットにのせ、バーナーの炎であぶって焼き目をつける。

トウガンを桂むきにして筒状にする。中にかき氷を詰め、伊勢エビの尾にアブラメと伊勢エビの洗いをのせる。食用花のキンギョソウを飾る。

曲げ年輪盛り①
帆立焼き目②
平政《ひらまさ》平造り③
芽キャベツ④ 山葵⑤

40頁参照

ホタテ貝の貝殻から貝柱をはずす。あぶった金串を当てて表面に格子模様の焼き目を当てる。

ヒラマサを三枚におろし、皮を引く。銀皮の面に飾りの包丁目を入れたのち、薄めの平造りにする。

ダイコンで作った曲げ年輪（23頁参照）の上に盛り、塩湯で色よくゆでた芽キャベツを添える。

三宝柑《さんぼうかん》盛り①
鰤《ぶり》鹿《か》の子《こ》造り②
石鰈《いしがれい》そぎ造り③
縒《よ》り赤蕪④ 山葵《わさび》⑤

41頁参照

ブリを三枚におろし、皮を引く。

銀皮の面に飾りに格子の包丁目を入れたのち、平造りにする。

イシガレイを五枚におろし、長めの薄造りにする。

サンポウカンの実から果肉を取り出し、皮を器に使う。ブリを重ね盛りにし、イシガレイを二つ折にして盛る。赤カブで作ったよりけんを天に添える。

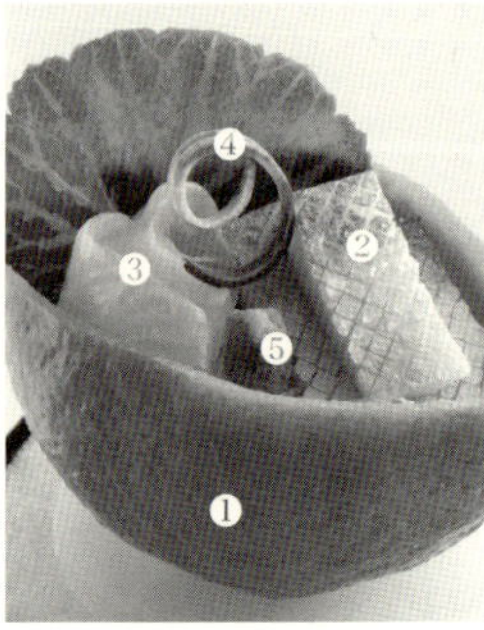

花びら盛り①
きはだ鮪《まぐろ》重ね造り②
細魚《さより》一文字③
こごみ④ 花穂⑤ 山葵⑥

42頁参照

キハダマグロをさくに取り、角造りにする。

サヨリを三枚におろし、側線に沿って左右の端を切り落とす。

ダイコンを断面が花びらの形になるようにむき、熱湯に10秒くらい通す。赤の色粉を溶かした水に浸けると火の通った表面だけピンク色に染まる。薄切りにして、少しずつずらしながら重ねる。この上にマグロとサヨリを重ね盛りにする。塩湯で色よくゆがいたコゴミと花穂ジソの花を天に添える。

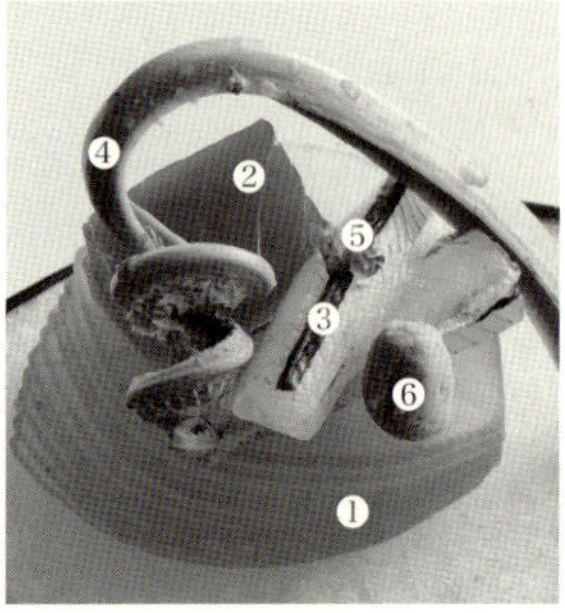

竹皮盛り①
鰹叩き②
平目筍巻き③
ラディッシュ④ 山葵⑤

43頁参照

カツオをさく取りし、バーナーの炎であぶる。平造りにする。

タケノコを糠ゆがきする。皮をむき、きれいな湯で軽くゆでて糠抜きする。いぼを掃除して縦に四半分に割り、吸い地に浸けておく。ヒラメを五枚におろし、薄造りにする。タケノコを芯にしてヒラメで巻く。

ワサビの葉の上にタケノコの皮をのせ、カツオとヒラメを盛りつける。

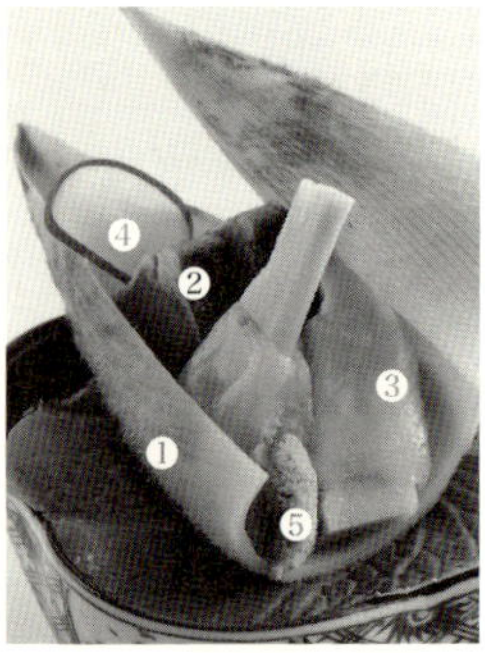

文銭氷《もんせん》①
穴子焼き霜《しも》造り②
縞鯵《しまあじ》八重造り③
筒南瓜《つつかぼちゃ》④ 山葵⑤ 酸橘《すだち》⑥

43頁参照

アナゴの首の皮にぐるりと一周するように切り目を入れる。皮を毛抜きで挟んで、はがすようにしてむき取る。一枚開きにして、骨切りする。バーナーであぶって焼き目をつけ、氷水に落とす。

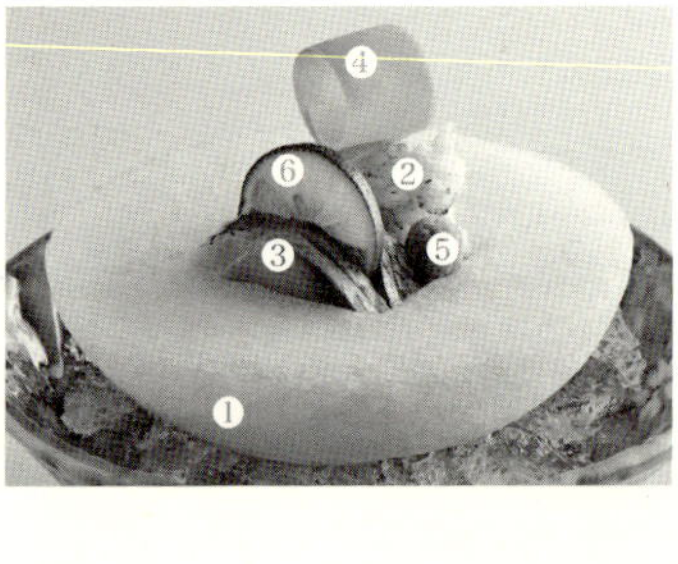

シマアジを三枚におろす。切り目をひとつ入れては切り落とす。
深めの皿の中央に四角く切ったダイコンを置き、その周囲にかき氷を詰める。冷凍庫に入れて固まったら、ダイコンを抜き取ると一文銭の形になる。抜き取った四角い穴にシマアジ2切れを盛り、間にスダチの薄切りを挟む。アナゴを盛り、薄くむいて筒状に丸めたカボチャを添える。

鈴木直登

●東京會舘

針魚《さより》木の葉作り① 平貝昆布締め②

嫁菜③ 防風④ 山葵⑤

44頁参照

サヨリを三枚におろし、皮を引く。皮目を上にし、二枚の上身を少しずらして重ねて二等分にする。もう一度ずらして重ねて二等分すると、八枚重ねになる。重ねた状態で中央に切り目を入れ、二つに折って木の葉の形に整える。

タイラ貝は貝柱を酒で拭いた昆布で挟み、4時間ほどねかす。貝柱の周囲にある薄膜と白くて固い筋を切り取って形を整え、横から二枚に切る。

色よくゆがいたヨメナと、ボウフウを添える。

勘八《かんぱち》平作り① 矢柄《やがら》鹿の子作り②

紅たで③ 菜の花④ 山葵⑤

44頁参照

カンパチを三枚におろして背身と腹身の節に取り、腹身の銀皮を残して皮を引く。皮目を上、尾に近いほうを左手におき、肩口から7～8㎜の厚さの平作りにする。

ヤガラは左右の胸ビレの後ろにある固い骨を包丁の刃をねかせてすき取り、三枚におろす。皮目を上にしてまな板の上に置き、鹿の子に浅く切り目を入れ、小口から3㎝幅ほどに切る。

色よくゆがいた菜ノ花と、紅タデ、ワサビを添える。

鱸《すずき》 焼き霜《しも》作り① 赤貝唐草作り②

花穂紫蘇《はなほじそ》③ 青芽④ 蓮芋《はすいも》⑤ 山葵⑥

45頁参照

スズキのウロコをかいて三枚におろし、背身と腹身の節にする。皮目を上にして裏返したバットの上におき、皮目をバーナーの直火で炙り、冷水に落として冷ます。水気をふき取り、皮を上にして置き、縦に切り目を二本入れる。尾に近いほうを左に、皮目を上にして置き、平造りにする。

アカ貝を掃除し、内臓を掃除する。身を縦に切り開き、表を下にして置き、包丁を少しねかせぎみにして細かく切り目を入れる。切り目がまな板と平行になるように置き、1㎝ほどの幅に切って唐草模様のような形にする。ワサビの葉の上に盛りつける。

鰹土佐作り① 烏賊《いか》鳴門《なると》作り②

ゴーヤ③ 生姜④ 防風⑤ 浅葱《あさつき》⑥ 大葉⑦ 茗荷⑧

45頁参照

カツオの胸のあたりから頭にかけての皮をすき引きしてウロコを取り、水洗いする。背ビレを切り取り、五枚におろして節にする。節取りしたカツオに金串を打ち、皮目を強火で焼き、串に刺したまま冷水に浸けて急冷する。水気をふき取り、厚めの平作りにする。ポン酢を添える。

イカは外皮と薄皮をはぎ、長方形に形を整える。外側に2㎜ほどの間隔で厚みの2／3くらいに深く切り目を入れる。切り目が巻簾《まきす》と平行になるように切った側を下にして巻簾にのせる。焼きノリを重ね、手前から巻き込み、巻簾をはずし、小口から食べやすい大きさに切る。

三種盛り

谷本佳美・三階文法

●祇園たに本

鯛①　鮪《まぐろ》②　剣先烏賊《けんさきいか》③
独活《うど》④　茗荷《みょうが》⑤　大根⑥
46頁参照

タイの上身から銀皮を残して皮を引き、皮目を上に、尾に近いほうを左にして置き、肩口から平造りにする。

マグロを4㎝角ほどのさくに切り出し、1㎝厚ほどの角切りにする。

ケンサキイカの上身を幅5㎝ほどのさくにする。まず、縦置きにして幅2㎜に浅く切り目を入れる。次に、横置きにして幅6～7㎜の細切りにする。これを端から3本ずつ揃えて内側に丸めて置き、その上に同じ幅で3つ重ねにする。

3人前をまな板皿に盛り付ける。けんに切ったミョウガとダイコンを混ぜ盛りにし、よりウドとともにそれぞれに添える。

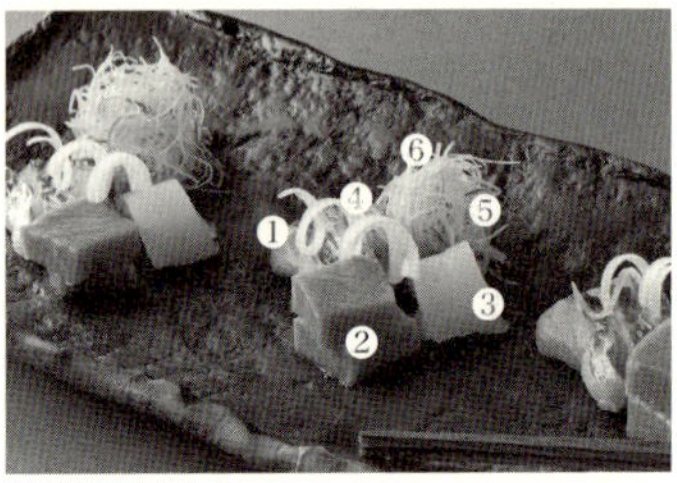

鮃《ひらめ》①　横輪《よこわ》②　雲丹《うに》③
山葵《わさび》④
47頁参照

上身にしたヒラメの皮を引き、皮目を下に、尾に近いほうを左に向けて置き、包丁を右にねかせて左手から少し厚みをもたせてへぎ切りにする。丸めるようにして重ねて盛る。

ヨコワ（マグロの幼魚）のさくはマグロのさくよりも小さいので、幅1・5㎝ほどに少し厚みをもたせて肩口から平造りにする。

ウニを樋《とい》の形に切り出したヤマイモの上にこんもりと形よく盛る。

あこう①　鮪②　おこぜ③
独活④
48頁参照

アコウの皮を引いて上身にし、皮目を下に、尾に近いほうを左にして置き、包丁を右にねかせて左からへぎ切りにする。

マグロのとろの部分をさく取りし、ひと口大の角切りにする。

上身にしたオコゼをへぎ切りにして薄造りにする。

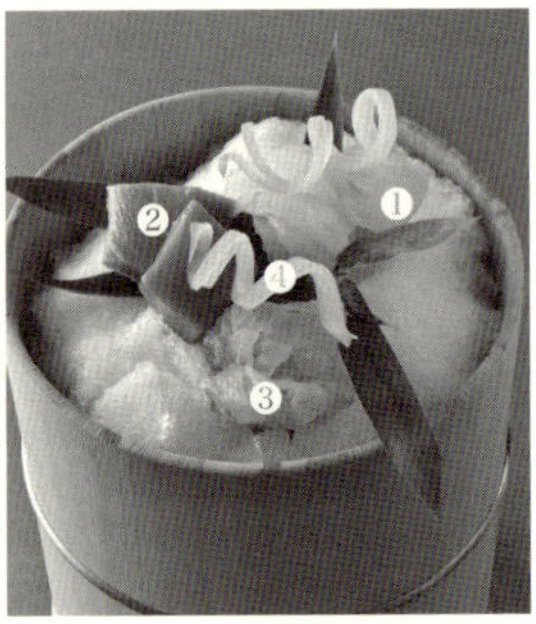

縞鯵《しまあじ》①　鰈《かれい》②　赤貝③
山葵④
48頁参照

シマアジの上身を銀皮を残して皮を引き、皮目に縦に2㎜幅ほどに浅く切り目を入れる。まな板に平行に横置きにして肩口から平造りにする。

上身にしたカレイをへぎ切りにする。

アカ貝のワタをそぎ取ったのち、内側を上に、肉厚な部分を手前に向けて置き、切っ先を使い、身の

薄い部分を残して2㎜幅に切り込みを入れ、仏手（仏像の手）の形にする。まな板に打ち付けて活からせて盛る。

あこう湯洗い①
おこぜ湯洗い②
横輪霜降り③
大葉④　はじかみ⑤

49頁参照

アコウの上身の皮を引き、皮目を下に、尾に近いほうを右にして置き、包丁を右にねかせて左手からへぎ切りにする。振りザルに並べ、50℃前後の湯に浸け、表面が白くなったら氷水で冷やす。水気をよくきる。オコゼもアコウと同様、へぎ切りにして湯洗いにする。

ヨコワの四角いさくを湯に浸け、すぐに氷水で冷やし、表面のみ火が通った状態にする。水気を拭き取り、厚さ1・5㎝ほどの平造りにする。

氷を詰めた器に大葉ジソを敷き、湯洗いと霜降りを三種盛りにする。ハジカミ（酢取りショウガ）を添える。

高瀬圭弐
●宝塚ホテル

奉書大根盛り①
金目鯛皮霜②
かんぱち③　鳥貝④
花びら大根⑤　山葵⑥

50頁参照

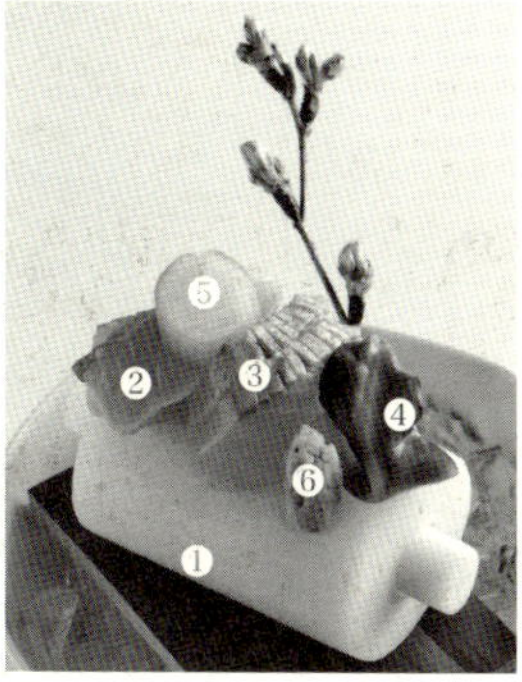

キンメダイを三枚におろし、皮側を上にして抜き板の上におく。熱湯をかけて皮霜にする。

カンパチを三枚におろして背身と腹身の節に取り、腹身の銀皮を残して皮を引く。銀皮に包丁目を入れ、平造りにする。

トリ貝を殻から出し、表面の紫の皮を傷つけないように気をつけながら塩ゆでする。

ダイコンを桂むきにし、ダイコンで作った芯棒に巻きつけ、巻き物の形にする。キンメダイ、カンパチ、トリ貝を一列に盛り、ダイコンの花びら（94頁参照）を添える。

藤棚盛り①
鰹そぎ造り②　細魚《さより》笹締め③
赤貝唐草造り④
短冊胡瓜⑤　人参⑥　酸橘《すだち》⑦　山葵⑧

51頁参照

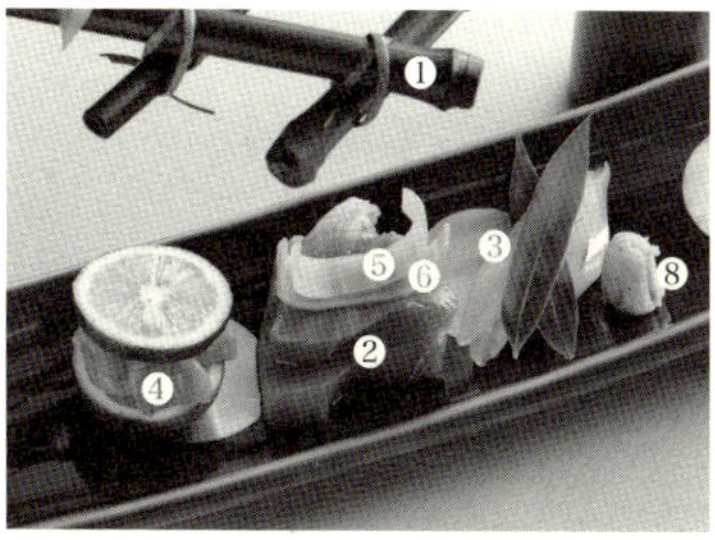

カツオの皮を引いて節に取り、そぎ身にする。短冊に切ったキュウリとニンジンを天に盛る。

サヨリを三枚におろして、斜めに切って笹造りにする。ササの葉で包んでしばらくおき、香りを移す。

アカ貝を掃除してワタを切りはずす。細かく切り目を入れ、1㎝ほどの幅に切って唐草模様のような形にする。スダチの薄切りで挟む。

天蕪編笠盛り①
本鮪重ね造り②　平目そぎ造り③
牡丹《ぼたん》海老④
縒り胡瓜⑤　紫芽《むらめ》⑥　山葵⑦

51頁参照

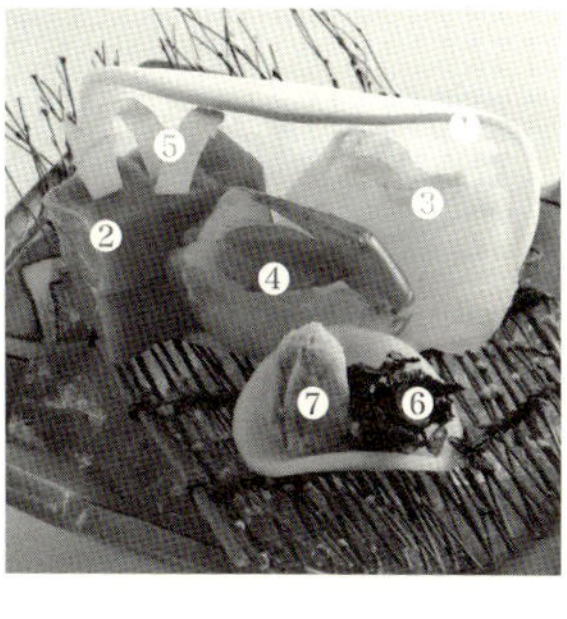

ホンマグロをさく取りし、平造りにして重ね盛りにする。

ヒラメを五枚におろして、長めにそぎ切りにする。

ボタンエビの頭と背ワタを取る。

天カブ（中型の大きさの品種）の

薄切り（大小二枚）を筒抜きに巻きつけてくせをつけ、編笠に見立てる。萩すだれの上にホンマグロ、ヒラメ、ボタンエビを盛り、大きいほうのカブをかぶせるように添える。小さいほうはワサビ台とする。

屋形白瓜盛り①
おこぜ重ね造り②
車海老油霜《ゆしも》造り③
鯵《あじ》細造り④
おくら⑤ 縒《よ》り南瓜⑥ 山葵《わさび》⑦

52頁参照

オコゼを三枚におろし、薄くそぎ切りにする。

車エビの頭と背ワタを取り、尾を切り整える。160℃に熱したサラダ油にさっと通し、氷水に落とし、殻をむく。

アジを三枚におろし、細造りにする。

シロウリの胴をえぐるように切りはずし、蓋とする。身のほうは屋形船の形の器にする。カボチャを細いひも状にむき、塩をすりこんで柔らかくし、蓋の部分に通して持ち手とする。

菊南瓜盛り①
鱸《すずき》 洗い② **紋甲烏賊《もんごういか》切かけ造り③**
雲丹《うに》殻盛り④
ラディッシュ⑤ 棒人参⑥ 山葵⑦

53頁参照

スズキを三枚におろし、そぎ切りにする。氷水に落としてさっと洗う。

モンゴウイカのさくを片開きにする。厚いほうをそいで厚みを揃える。くるりと巻いて俵状にする。

生ウニを殻に盛る。

カボチャを薄切りにして菊の花の形にむき、塩もみする。器に萩すだれを敷き、菊の葉を飾る。菊花のカボチャにスズキの洗いを盛り、筒抜きで棒状に抜いたニンジンを添える。モンゴウイカはラディッシュの薄切りを飾る。

水晶氷①
鱧《はも》湯引き② **鯒《こち》焼き目③**
鮑《あわび》 波造り④
ばち胡瓜⑤ ちぎり梅⑥ 花穂紫蘇⑦ 山葵⑧

53頁参照

ハモを開いて骨切りし、適宜な大きさに切る。穴あき杓子にのせて熱湯にくぐらせ、氷水に落とす。

コチを皮つきのまま三枚におろす。皮目をバーナーの炎であぶり、平造りにする。

塩磨きにして殻からはずしたアワビの身を、波切りにする。

氷店から購入した透明な氷からノミを使って丸く削り出す。天を平らにして、ワサビの葉を敷き、ハモ、コチ、アワビを盛る。三味線のバチのような形に切ったキュウリとちぎった梅干しを添える。

鈴木直登

● 東京會舘

金目鯛皮霜作り①
鯵《あじ》菊花作り②
帆立貝小川締め③
菊花④ 生姜《しょうが》⑤ ラディッシュ⑥
レモン⑦ 生海苔⑧

54頁参照

キンメダイのウロコをばら引きにして三枚におろし、背と腹の節に分ける。皮の上に布巾をかぶせ、熱湯をかけ、すぐに氷水に浸けて冷ます。皮の端を切り整える。皮を上にして置き、肩口から平造りにする。

アジのゼイゴを切り落とし、ウロコを引いて水洗いしたのち、三枚におろす。銀皮を落とさないよ

うに注意して皮をはがす。皮目を上にして置き、３㎜幅ほどに等間隔に切り目を入れ、二枚に切る。酢を加えた熱湯でゆでた菊花を芯にして包む。

　ホタテ貝の貝柱の周りの薄膜と白く固い筋を取り除く。50℃弱の湯の中に浸け、表面のみ白い半生の状態にする。水気をふき、横から包丁を入れて薄切りにし、レモンを挟んで香りを移す。

家事㐂《かじき》一文字作り①
伊佐木《いさき》褄《つま》折り②
鱚《きす》細引き③

蕎麦のスプラウト④ 昆布⑤
生青海苔⑥ 大葉⑦ 山葵⑧ 大根卸《おろ》し⑨

54頁参照

　さく取りしたカジキをまな板の縁近くに置き、さくに対して直角

に刃元から引き切りにする。この切り方を「一文字作り」といい、マグロにも用いられる。

　イサキを三枚におろし、小骨を抜く。皮を引き、背を上、尾に近いほうを右にして置き、左から包丁を右にねかせてそぎ切りにする。二つ折りにして盛る。

　キスを大名おろし（頭から背身も腹身も一緒に、一気におろす方法）で三枚にし、皮を引く。皮目を上に、尾に近いほうを左にして置き、右手から斜めに５㎜幅ほどの細切りにする。

縞鯵《しまあじ》銀皮作り① 鯒《こち》そぎ身②
車海老油霜③

茗荷④ 南瓜⑤ 青芽⑥ 生姜⑦

55頁参照

　シマアジのゼイゴ（尾に近い部分にある固くとがったウロコ）をすき引きし、ウロコをかいて水洗いする。三枚におろし、背と腹の節に取る。皮目を下にして置き、銀皮を残して皮を引く。皮目を上に、尾に近いほうを左にして置き、肩口から平造りにする。

　コチの背ビレと腹ビレのとげに注意して三枚におろし、腹骨と中骨を抜いて皮を引く。皮目を上、尾を右に向けて置き、包丁を右にねかせて左からそぎ切りにする。皮は湯引きにし、食べやすい大きさに切る。

　車エビの背ワタを抜き、殻つきのまま80℃くらいに熱した油の中に入れ、殻が朱色に変わったら氷水に浸けて冷やす。頭と尾を切り落とし、殻をはいで形を整える。

　ワサビの葉の上に盛りつける。

羽太《はた》洗い① 蛸湯洗い②
鱧湯引き③

梅肉④ 防風⑤ 山葵⑥ 生海苔⑦

55頁参照

ハタを三枚におろし、背と腹に節取る。皮を引き、背を上、尾に近いほうを右手にして置き、左手から包丁を少しねかせ加減にしてそぎ切りにする。一度沸騰させた湯に浸け、表面がうっすらと白くなったらすぐに取り出して冷水で冷やし、ザルに取り出して水気をきる。湯引いた皮を食べやすい大きさに切って添える。

　タコを皮をつけたままごく薄い輪切りにする。これを振りザルに並べ、43～44℃の湯の中でゆっくりと湯洗いすると、断面が茶巾の

ような形になる。吸盤と一緒に盛り合わせ、梅肉を添える。

ハモの中骨を切り取り、背ビレをはぎ、腹骨をすき取る。上身にし、皮を下、尾を左にして置き、ハモ切り包丁を用いて肩口から骨切りにする。食べやすい大きさで切り落とし、たっぷりの湯を一度沸騰させて火を弱め、穴あき杓子に皮を下にしてハモをのせ、湯の中で泳がすように湯洗いする。切り目が開いてふっくらとしてきたら氷水に浸けて冷ます。ザルに取り出して水気をきる。

フキの葉の上に盛りつける。

応用編

谷本佳美・三階文法

●祇園たに本

石鯛卵《う》の花和え

56頁参照

イシダイを三枚におろして皮を引き、厚めのそぎ切りにする。薄塩をして昆布で挟み、3時間ほど昆布〆にする。

おからを水ごしし、水気を絞る。4~5本の箸でかき混ぜながら、から煎りする。塩で味をととのえる。イシダイを煎り酒にくぐらせ、おからをまぶす。

水貝

56頁参照

鮑《あわび》　車海老　独活《うど》　胡瓜

アワビ(雄貝)を塩磨きして、殻から身をはずす。食べやすい大きさに切り分ける。車エビをゆでて頭、殻をはずし、1cmほどの長さに切る。芯を抜いたウド、キュウリも同様に切り分ける。

器に水を張って冷凍庫に入れ、表面に氷が張ったら、一部を叩いて割って穴を開け、水を出す。そこからアワビ、車エビ、ウド、キュウリと冷やした1%の塩水を注ぎ入れる。造り醤油ですすめる。

鱚白和え《きすしら》

57頁参照

木耳《きくらげ》　茗荷《みょうが》　三つ葉

キスを三枚におろし、細造りにする。

キクラゲと三ツ葉をさっとゆでて吸い地に浸ける。ミョウガはさらに短時間ゆがいて、塩をふり、甘酢に浸ける。それぞれ細かくきざむ。

豆腐を裏ごしし、あたりゴマ(油が出るまですったゴマ)を加えてなめらかになるまですり混ぜる。砂糖、塩水、淡口醤油を加えて味をととのえ、和え衣を作る。

鳥貝鉄砲和え

57頁参照

トリ貝を殻から出し、表面の紫の皮を傷つけないように気をつけながら塩ゆでする。

ネギを5cmくらいの長さに切り、縦に切り込みを入れて芯を除く。太めのせん切りにして塩をふる。セリの軸を2cmくらいの長さに切り、これも塩をふる。それぞれオーブンで加熱してしんなりさせる。

白ミソ、あたりゴマ、砂糖、淡口醤油、酢、和カラシをあわせて芥子酢味噌を作る。トリ貝、セリ、ネギを和える。

高瀬圭弐
●宝塚ホテル

造り替わり手毬《まり》寿司

58頁参照

金目鯛焼き霜①
柚子胡椒②

キンメダイを三枚におろし、皮側を上にしてバーナーの炎であぶり、焼き霜にする。小ぶりに丸めたすし飯を抱かせて手毬ずしを握る。ユズコショウを天に盛る。

烏賊《いか》菊花寿司③
いくら④ 菊の花⑤

イカをさくにとり、細造りにする。丸めたすし飯の上に、折り曲げて菊の花びらのような形に重ねていく。イクラと食用菊の花びらを飾る。

帆立昆布〆⑥
唐墨《からすみ》⑦

ホタテを昆布ではさんで1時間ほどおいて昆布締めにする。手毬ずしにして、天にくだいたカラスミを飾る。

煮穴子⑧
蜂蜜ぽん酢⑨

アナゴを一枚に開いて、水、醤油、砂糖、ショウガ、ミリン少量、酒で煮て煮穴子にする。煮汁をさらに煮つめて、ハチミツ、ぽん酢を加える。流し缶に薄く流して冷蔵庫で冷やし、アナゴのゼラチン質で固まったところを四角く切り分ける。煮アナゴで手毬ずしを作って、アナゴのツメの煮凝りをかぶせる。

鮪《まぐろ》漬け寿司着せかぶら⑩
木の葉生姜《しょうが》⑪

マグロを漬け醤油（煮きりミリン、酒、醤油）でさっと洗う。薄く輪切りにしたカブも同じ醤油に浸ける。マグロで手毬ずしを作り、カブをのせ、木の葉の形に切ったショウガをのせる。

シャンパングラス盛りサラダ仕立て

59頁参照

鱸《すずき》胡麻醤油①

スズキを三枚におろし、そぎ切りにする。氷水に落としてさっと洗う。

ゴマをすり、濃口醤油、ミリン、砂糖、サラダ油を加えて胡麻醤油を作る。

拍子木に切ったキュウリ、ニンジン、ダイコンとともにシャンパングラスに入れる。ダイコンを桂むきにしてグラスの口と同じ大きさの円柱に巻きなおし、薄切りにする。ナンテン串を刺して、蓋とする。別添えにしたつけ醤油をスプーンですすめる（以下共通）。

伊勢海老黄身醤油②

伊勢エビの身を殻からはずし、酒と氷水で洗う。勢いよく水道の水をあて、白く色が変わったら引き上げ、水気をきる。

温泉玉子を作って黄身を取り出し、裏ごしにかける。土佐醤油でのばす。

平目縁側《えんがわ》肝醤油③

ヒラメのエンガワを食べやすい大きさに切り分ける。

ヒラメの肝を塩ゆでして、裏ごしにかける。土佐醤油でのばす。

鱧《はも》梅醤油④

ハモを開いて骨切りし、穴杓子を使って湯に浸け、湯引きにする。

梅干し（赤ジソを加えたもの）を裏ごしにかけ、煮きり酒、ミリン少量、うま味調味料で味をつける。

鳥貝雲丹醤油

トリ貝を殻から出し、表面の紫の皮を傷つけないように気をつけながら塩ゆでする。

生ウニを裏ごしして、土佐醤油でのばす。

朝顔盛り

60頁参照

俵烏賊《いか》① **花穂紫蘇《はなほじそ》**②

イカをさくにとり、5㎜ほどの深さの包丁目を入れる。90度回して置き直し、細造りにする。形をくずさないように気をつけながら、俵の形に丸めて朝顔の花形の器に盛りつける。

鮪《まぐろ》角切③ 胡瓜けん④

マグロをさく取りし、さっと湯をかけて湯霜にし、角造りにする。

油目簾焼き⑤ 人参けん⑥

アブラメ（アイナメ）を三枚におろす。金串をたばねてガス台の炎で熱して皮目に押し当て、すだれのような焼き目をつける。

さざえ⑦

サザエを殻から出して、塩でこすり洗いし、身を薄く切る。肝の先端は塩ゆでする。

蛸《たこ》湯引き⑧ 花丸胡瓜⑨

マダコの足を掃除して、皮をむく。身に切り目を入れていき、3つめで切り落とす。さっと湯引きして氷水に落とす。皮はゆでて、吸盤を切りはずし、湯引きの上に飾る。

青竹盛り

61頁参照

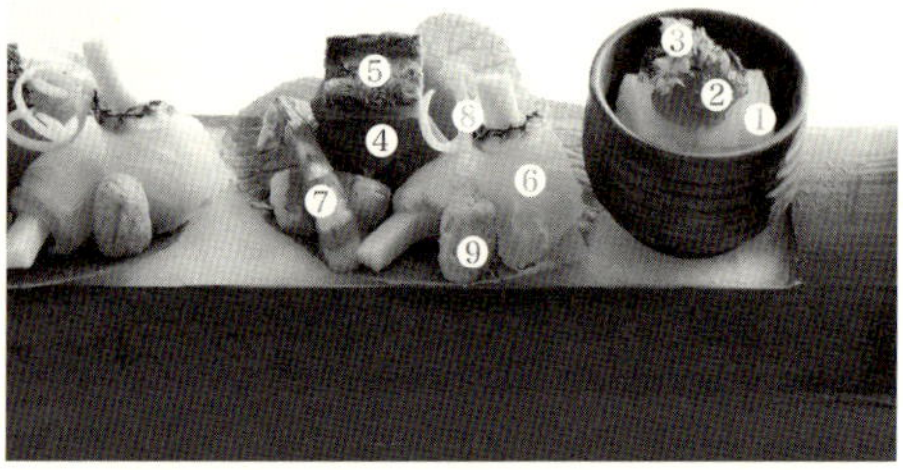

烏賊① **蕎麦出汁《そばだし》ゼリー**② 花穂紫蘇③

イカをさくにとり、5㎜ほどの深さの包丁目を入れる。90度回して置き直し、長めの細造りにする。だし10、醤油1、ミリン1で作った蕎麦だしにゼラチンを煮溶かす。冷やし固めて小角に切る。烏賊そうめんの上にのせ、花穂ジソを飾る。

鰹そぎ身④ **焼き皮**⑤ **鯛身巻竹の子**⑥ **車海老**⑦ 縒《よ》り南瓜⑧ 山葵⑨

カツオを節にとり、皮を厚めにひく。平造りにする。

カツオの皮に針打ちして、串を打ち、塩をふり、バーナーで焼く。二枚のバットで挟んで平らにのばし、冷蔵庫に入れて締める。

タイを三枚におろして、皮目に熱湯をかけて湯引きにする。薄切りにして、ゆでたタケノコを芯にして巻きつける。

車エビの頭と背ワタを取り、尾を切りととのえ、のし串を打ってさっと湯に通し、湯霜にする。

青竹の側面を切って氷を詰める。ワサビの葉をのせ、カツオ、タイ、車エビを盛る。烏賊蕎麦出汁ゼリーを深めの器に入れる（写真の盛り付けは二人前）。

湯けむり盛り

62頁参照

伊勢海老①

伊勢エビの尾の身を殻からはずし、酒と氷水で洗う。勢いよく水道の水をあて、白く色が変わったら引き上げ、水気をきる。殻をかぶせるようにして小皿に盛り付ける。

扇面の器にササを敷き、氷の柱や青竹をおいて、そこに小皿をのせる。扇面の器にはドライアイスを入れて煙をたちのぼらせる。

鮪② 銀杏《いちょう》人参③ 花穂紫蘇④

マグロをさくにとり、角造りにする。

平目⑤
縒り人参⑥

ヒラメを5枚におろし、薄造りにする。エンガワを食べやすい大きさに切って、薄造りの上にのせる。

生雲丹《うに》殻盛り⑦
縒り胡瓜⑧

生ウニをウニの殻に盛る。

縞鯵《しまあじ》⑨
山葵⑩

シマアジを三枚におろし、銀皮を残すようにして皮をひく。銀皮に格子に包丁目を入れる。

水玉氷
63頁参照
鯒《こち》焼き霜①
鱧《はも》焼き霜②
蛸焼き霜③
蓮芋④ とんぼ人参⑤ 山葵⑥

コチを皮つきのまま三枚におろす。皮目をバーナーの炎であぶり、平造りにする。

ハモを開いて骨切りし、食べやすい大きさに切り分ける。バーナーで焼き目をつける。

マダコの足を掃除して、皮をむく。身に切り目を入れていき、3つめで切り落とす。バーナーで焼き目をつける。

ゴム風船に水を入れて凍らせ、氷のかまくらを作る。熱した筒抜きを当てて丸い窓をいくつか開ける。細く切って塩でもんだカボチャのひもを通して持ち手とし、刺身を盛った器にかぶせる（写真の盛り付けは三人前）。

鈴木直登
●東京會舘

甘海老柚香《ゆこう》風味①
64頁参照
柚子② 生海苔③ 黄人参④

甘エビを海水よりも少し薄い塩水で洗う。胴の殻をはき、すりおろしたユズの皮をまぶす。黄ニンジンのつまを詰めた柚子釜の上にのせ、生ノリを添える。

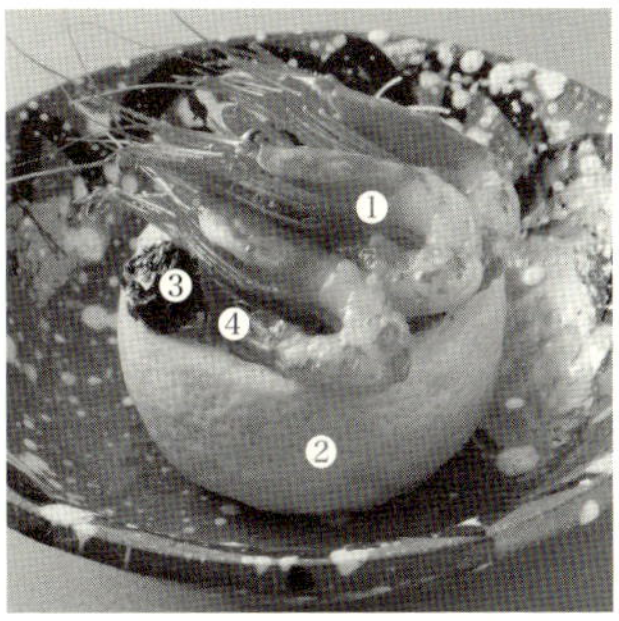

平政《ひらまさ》磯辺《いそべ》作り①
65頁参照
生海苔② 杉海苔③ 紅芯大根④

ヒラマサを三枚におろし、節に取る。銀皮を残して皮を引き、尾を右、皮目を上にして置き、包丁を右にねかせてそぎ切りにする。切った身に薄く振り塩をし、生ノリを和える。

鮪団子①
65頁参照
黄身酢②

マグロの端の筋のある部分や固い部分などの身を混ぜ合わせ、ひと口大の団子に丸める。チルド冷蔵庫（-2℃）に入れて締める。マグロの眼を上に向けて鍋に入れて加熱し、眼の硝子体が溶け出したらゼラチンを加えて濃度を調節する。この中に、楊枝を刺した固まった団子をくぐらせ、ダイコンで作った台に刺して表面を乾かす。楊枝をはずし、芥子を加えた黄身酢と合わせ盛る。

蛸たたき風①
66頁参照
山葵② 梅肉③ 寄せ若布④

タコの足に塩をまぶしてよくもみ洗いし、たこ引きを使って皮をはぎ、そぎ切りにする。クッキングシートで挟み、麺棒などで叩いて薄く延ばす。葛を打ち、湯引く。

皮は吸盤をつけた状態で湯引いて吸盤が2つの状態に切り分ける。叩きにした身を重ね盛り、山葵と梅肉をのせた吸盤を添える。

鯛手綱《たづな》巻き①
菜の花② 山葵《わさび》③
66頁参照

タイのウロコをバラ引きして水洗いし、節に取る。皮目を布巾で覆って熱湯をかけ、冷水で冷やし

松皮の状態にする。皮を下、尾を右にして置き、左から薄いそぎ切りにする。切った身を、皮を下にして巻簾《まきす》の上に等間隔にずらして並べ、刃叩きした身を芯にして筒状に巻く。食べやすい長さに切る。

那智鰹《なちがつお》①
水前寺海苔② 莫大海《ばくだいかい》③ 浅葱《あさつき》④
茗荷《みょうが》⑤ 紅芯大根⑥ 生姜《しょうが》⑦
67頁参照

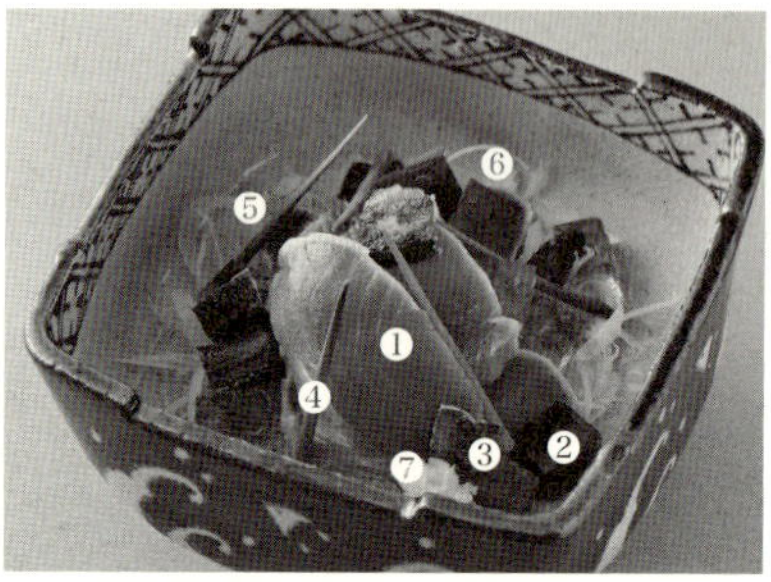

カツオを節に取り、皮を引き、周囲をきれいに切り整える。ガーゼで包み、流水を打たせて脂を抜く（カツオを流水に打たせるところから、「那智の滝」になぞらえてこの名がある）。表面が白っぽくなったら取り出す。水気をふき取り、平作りにする。

ふぐ親子寄せ①
紅葉卸し《もみじおろし》② 鴨頭葱《こうとうねぎ》③
67頁参照

フグを身欠きにおろしたのち、薄いそぎ作りにする。白子を裏ごしにかけ、昆布だしでのばし、ゼラチンを混ぜる。絞り袋に入れ、風船に詰める。冷蔵庫で冷やし固める。もう片方は、湯引いてせん切りにしたトオトウミ（フグの外皮と身皮の間にあるゼラチン質の組織）を加えて詰める。皿にフグの身を敷き、その上に紅葉おろし、鴨頭ネギを重ねる。その上に、楊枝でつついて風船から取り出した白子をのせる。

才巻海老塩風味①
生青海苔② 岩塩③
68頁参照

才巻エビ（小ぶりの車エビ）の頭を切り落とし、尾の部分のみ残して殻をむく。背に切り目を入れて背ワタを抜く。頭と尾の先を熱湯に浸けて色を出す。これを、加熱した岩塩の上に置き、才巻エビ表面がほんの少し白くなったくらいの状態で供す。
生ノリを添える。

縮み鱧《はも》①
梅肉② 胡瓜③ 山葵④
68頁参照

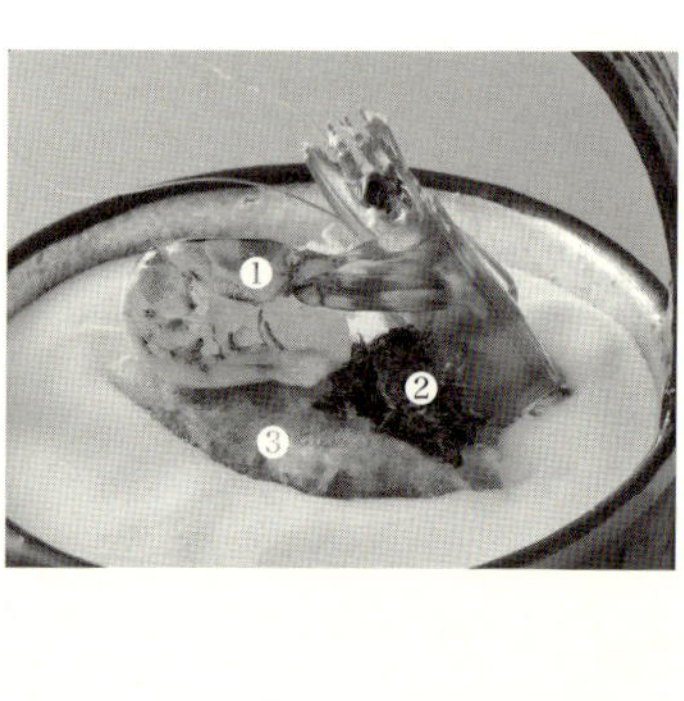

江戸時代の文献に載っているハモの刺身。
ハモを水洗いして皮をはぎ、刃叩きをしてすり身にする。和紙の上に開いたハモの形に似せてすり身を寄せ、表面を包丁の刃で軽く叩いて骨切りした状態に形作る。表面に焼き目をつけ、そのまま湯

に浸けて霜降りの状態にし、氷水に浸けて冷ます。水気をきったのち、和紙をはがし、小口から食べやすい幅に切る。ワサビの葉に盛りつけて梅肉をのせる。

春駒本鮪《まぐろ》①
69頁参照

駒大根② 昆布③ 生青海苔④ 桜草⑤ 山葵⑥

マグロの赤身、トロ、カジキの3種類のさくを用意する。赤身とカジキを太さ1cm弱の細い棒状に切り出し、組み合わせてより合わせる。これを酢で拭いた昆布の上におき、左右の端を細長く切ったダイコンで押さえたのち、楊枝を刺して両端を止める。冷蔵庫で締める。赤身とトロを四角に切って市松模様に敷き、手綱によった赤身とカジキを盛る。

烏賊《いか》味噌漬け①
70頁参照

菊花② 青芽③ 生姜④

イカの脚部を抜き、胴と分ける。胴は筒状のまま皮をはがし、内側をきれいに掃除する。ワタは破らないように注意してスミ袋などを取り除き、振り塩をする。

イカの塩辛を一割混ぜてミキサーにかけて味噌床を作る。ワタをガーゼで包み、一昼夜浸けたのち、取り出して一昼夜風干しする。

胴に湯を注ぎ、内側が白くなったら湯を空け、水気をよくふき取る。そこに、ワタの味噌漬けを隙間ができないように詰め、２cm幅くらいの筒切りにする。

蝶鮫《ちょうざめ》の細切り、① キャヴィアのせ②
70頁参照

胡瓜③ 南瓜《かぼちゃ》④ 大根⑤

活けのチョウザメ（産卵後1年の養殖）の頭の後ろから斜めに包丁を切り入れ、中骨の上に沿って尾の近くで切り離す。縦に二つに切り、皮をはいで細作りにする。器にのせたチョウザメの背に盛り、その上にキャヴィアを重ねる。

素材別索引

料理担当者紹介

山根昭二《やまね・しょうじ》

1958年石川県生まれ。15歳から大阪お初天神の『富㐂寿司』で修業を始め、85年北新地の『孝鮨』で真板を務める。92年に独立、『や満祢』を開業し、現在に至る。

や満祢
大阪府大阪市北区堂島1-3-1 二葉ビル 1F
06-6348-1460

谷本佳美《たにもと・よしはる》

1950年京都府生まれ。18歳から京都市の『鶴清』で修業を始め、『吉田山荘』『わらびの里』などをへて、『月桂冠かつら』の料理長を務める。99年に祇園南側に『祇園たに本』を独立、開業。

三階文法《さんがい・とものり》

1975年熊本県生まれ。23歳から『月桂冠かつら』で修業を始め、2003年『祇園たに本』に入り、現在煮方を務める。

祇園たに本
京都府京都市東山区祇園町南側570-121
075-551-8011

高瀬圭弐《たかせ・けいじ》

1967年北海道生まれ。16歳から『阿寒観光ホテル』で修業を始め、『典座坊八山』『金田中』『箱根桜庵』を経て、2004年より『宝塚ホテル』日本料理「曙」統括料理長に就任。

宝塚ホテル「曙」
兵庫県宝塚市梅野町1-46
0797-87-1151

鈴木直登《すずき・なおと》

1953年新潟県生まれ。20歳で『東京會舘』に入り、小松崎剛氏の下で修業。83年、同社「八千代」の料理長に就任。現在、東京會舘調理、製菓部長、和食総料理長を兼務。

東京會舘
東京都千代田区丸の内3-2-1
03-3215-2111

撮影協力

江渕打刃物製作所
大阪府堺市堺区桜之町西三丁4-4
072-229-1256

山本刃剣
大阪府堺市堺区砂道町1-3-36
072-238-3023

株式会社有田屋
群馬県安中市安中2-4-24
027-382-2121

ヤマサ醤油株式会社
千葉県銚子市新生町2-10-1
0120-803-121

取材協力

しょうゆ情報センター
東京都中央区日本橋小網町3-11
03-3666-3286

シリーズ 日本料理の基礎
刺身と醤油の本

初版印刷　2013　7月20日
初版発行　2013　8月5日

著　者　日本料理の四季編集部編
発行者　土肥大介
発行所　株式会社　柴田書店
〒113－8477　東京都文京区湯島3-26-9 イヤサカビル
電話　営業部　03-5816-8282（注文・問合せ）
書籍編集部　03-5816-8260
URL　http://www.shibatashoten.co.jp
印刷・製本　大日本印刷株式会社

ISBN978-4-388-06171-6
Printed in Japan